鲍秀兰谈
婴幼儿养育误区

鲍秀兰 / 著

中国妇女出版社

图书在版编目（CIP）数据

鲍秀兰谈婴幼儿养育误区 / 鲍秀兰著. -- 北京:
中国妇女出版社, 2016.5
（鲍秀兰家庭育儿丛书）
ISBN 978-7-5127-1197-6

Ⅰ. ①鲍… Ⅱ. ①鲍… Ⅲ. ①婴幼儿—哺育—基本知识 Ⅳ. ①TS976.31

中国版本图书馆CIP数据核字（2015）第258202号

鲍秀兰谈婴幼儿养育误区

作　　者：鲍秀兰　著
选题策划：姜　喆
责任编辑：路　杨
封面设计：周周设计局
责任印制：王卫东
出版发行：中国妇女出版社
地　　址：北京东城区史家胡同甲24号　　邮政编码：100010
电　　话：（010）65133160（发行部）　65133161（邮购）
网　　址：www.womenbooks.com.cn
经　　销：各地新华书店
印　　刷：北京中科印刷有限公司
开　　本：185×210　1/24
印　　张：5
字　　数：120千字
版　　次：2016年5月第1版
印　　次：2016年5月第1次
书　　号：ISBN 978-7-5127-1197-6
定　　价：29.80元

前言

每位父母首先关心的是宝宝的养育问题，希望宝宝能成长为健康、聪明、可爱的孩子。下一代的健康成长已成为全社会和众多家庭最关注的问题。多年来我通过与家长们的直接交流和接触，发现他们在面临很多问题时，仍然用陈旧的经验和育儿知识去处理，缺乏科学和具体的指导。

几十年来，我一直忙碌于医疗、教学和科研工作，通过不断学习和实践积累了新的知识和经验。我希望每个孩子都拥有最佳的人生开端，最佳的人生开端应该是充分、合理的营养，良好的健康状况，生活在一个有丰富的感知刺激的环境和充满爱心的家庭和社会氛围之中，使孩子体格、情感、智力和社会交往能力都得到全面发展。这些都需要家长具备科学的养育和早期教育知识。为此，我在医疗工作之余，先后出版了《0~3岁儿童最佳的人生开端》《婴幼儿养育和早期教育实用手册》《婴幼儿养育和早期干预实用手册（高危儿卷）》系列图书，受到了广大家长、医护人员和研究工作者的欢迎。

如今，很多80后甚至90后已成为父母，他们的阅读习惯和方式在改变。为了方便年轻的父母学习养育知识，我将多年积累的实践经验进行提炼，总结出了最主要的几部分内容，如婴幼儿的早期教育和潜能开发、婴幼儿健全人格培养，以及婴幼儿正确哺喂母乳和辅食添加，将这些内容做成专题图书，并配以精美的插图帮助理解和记忆；同时，我发现很多父母对于养育宝宝存在一定的误区，例如缺钙、黄疸、抗生素问题等，因此还编写了婴幼儿养育误区的专题。

这四本专题图书采用图文并茂、通俗易懂的方式，将最重要、最关键的养育知识传授给家长，希望能给您的育儿生活提供更多的帮助。

因为是初版，有不当之处，请读者批评指正。

鲍秀兰

2016年2月

目录

PART 1　走出婴幼儿喂养误区

PART 1

走出婴幼儿喂养误区

误区1 宝宝吃奶，喂得越多越好

走出误区：宝宝吃奶不是越多越好，过度喂养容易造成肥胖、体重增长超标。

一般来说，母乳喂养提倡按需哺乳，奶量能自动调节，宝宝体重不会增长过快。人工喂养的宝宝，经常容易过度喂养，体重增长过快。爸爸妈妈会担心宝宝吃不够奶，其实只要宝宝每个月体重增长在正常范围，就说明吃饱了。

宝宝喂得太多容易肥胖，对健康不利，将来成人后也会肥胖

母乳喂养儿一般是按需喂养，白天2～3小时喂奶一次，夜间如果睡眠好，可以4～5小时一次。人工喂养的宝宝，一般1～2个月时每天吃奶量为500毫升～750毫升，分8次，每次为60毫升～90毫升；3～4个月时每天吃奶量为700毫升～800毫升；5～6个月时每天吃奶量800毫升～1000毫升，为了预防肥胖发生，不主张超过1000毫升；7～8个月时每天吃奶量约800毫升，同时添加1～2餐碎末状食物，宝宝在吃奶以前可以加1～2次强化铁的米粉；9～10个月时每天吃奶的次数可以减少1～2次，但奶量每天最好保证700毫升～800毫升；11～12个月每天喝奶量600毫升～800毫升。

提倡母乳喂养到宝宝2岁。1岁后不能继续母乳喂养的宝宝，每天应该保证喝500毫升配方奶。食欲不佳且体格生长不良的宝宝，可适当增加配方奶的摄入量。2～3岁的宝宝每天也应摄入乳类350毫升～500毫升。

请记住，每个宝宝吃奶量不尽相同，应根据个体情况决定。

总之，宝宝婴儿期过胖，成年后易患肥胖、高血压、糖尿病等成年慢性疾病。所以，不是宝宝越胖越好，体重增长适当才是最好的喂养效果。

鲍奶奶提醒

家长不要认为宝宝晚上不吃奶会饿。据研究，健康足月儿（没有进食反流）4个月时能不吃奶连续睡6个小时，5个月能不吃奶连续睡9个小时，6个月时能不吃奶连续睡12个小时。宝宝晚上不吃奶，白天便会多吃奶，家长不用担心营养不足。晚上睡长觉的宝宝生长发育好，有利于智能发育，妈妈养育起宝宝来也更轻松愉快。

误区2 宝宝得了母乳性黄疸必须停母乳

走出误区：只要宝宝生长正常，进食正常，喂奶期间黄疸没有加重，就可以继续坚持母乳喂养，无须停止母乳。

母乳是宝宝天然的营养食物，但有些宝宝母乳喂养时会出现母乳性黄疸。母乳性黄疸一般在宝宝生后7天左右出现，持续时间有的3周，有的三四个月，可以自然消退。新生儿在生理性黄疸后黄疸持续不退或减退后又加重，停止母乳喂养后48小时，血清胆红素下降50%，则可确定诊断。

母乳性黄疸只要症状不严重，可以继续母乳喂养

母乳性黄疸只要不严重，一般无须特殊治疗，不会对宝宝的健康造成不良影响。只要宝宝生长正常，进食正常，喂奶期间黄疸没有加重，就可以继续坚持母乳喂养，无须停止母乳。

什么情况下需停母乳

当血清胆红素>14mg/dl（240μmol/L）时，可暂停母乳3天，黄疸消退后可以继续母乳喂养。胆红素下降≥50%时若再用母乳喂养，黄疸不一定再加重，即便是出现也不会达到原有程度。

暂停母乳期间，妈妈可以用吸奶器把母乳吸出储存起来，以保持乳汁充分分泌，黄疸减轻后继续母乳喂养。

一般情况不需要特殊治疗，当血清胆红素>17mg/dl（291μmol/L）才考虑光疗。

在家中如何护理母乳性黄疸的宝宝

母乳性黄疸宝宝的家庭护理主要注意以下几方面：

A 早期（7天）出现黄疸的婴儿，排除溶血等病理因素后，可以加强喂养，让宝宝多吃多拉，促进胆红素经肠道排出。

B 注意保暖，做好日常护理，增加营养，预防感染。

C 适当给宝宝多晒太阳，让阳光照在宝宝皮肤上，可隔着玻璃晒，应注意避免阳光直射宝宝的眼睛。

鲍奶奶提醒

葡萄糖没有消退黄疸的作用，不要给宝宝随意添加。

误区3 宝宝不肯吃奶时，为了长身体要强迫他吃

走出误区： 宝宝暂时吃奶少，有可能是厌奶了，只要喝水充足，一般不会出现问题，妈妈不需要特别担心，更不要强迫宝宝吃。

3个月左右的宝宝突然不爱吃奶了，但能喝些水，这是为什么呢？首先，应排除发热、腹泻、呕吐或精神不好等问题。如果宝宝不存在这些问题，可能原因是奶吃多了。不满3个月的宝宝不能完全吸收配方奶中的蛋白质，即使奶吃多时，也不会引起蛋白质吸收过多，不会加重肝肾的负担。但是3个月以后的宝宝，从奶中吸收蛋白质能力增强，从而会增加肝肾的工作量，时间长了会造成“疲劳”，表现为食欲下降、不爱吃奶。

宝宝厌奶时表现为食欲下降、不爱吃奶，此时家长不应强迫

怎样帮宝宝度过厌奶期

● 宝宝不肯吃奶时不要强迫：让宝宝自己决定吃多少奶、吃多长时间，宝宝会根据自己的消化能力调节进食奶量。

● 给宝宝喂奶时注意技巧：尽量保持安静，避免宝宝分心，也可以适当将奶稀释或在宝宝似睡非睡时喂奶。

● 让宝宝多运动：比如多给宝宝做婴儿操、做抚触，带宝宝出去玩儿，让宝宝有个好心情，也消耗了体能，使宝宝容易产生饥饿感。

哪些情况的厌奶需要特别注意

● 由各种急性、慢性疾病引起，如急性咽喉炎、鹅口疮，造成口腔疼痛，会使宝宝食量突然变少，不肯吃奶。

● 急性呼吸道感染，导致鼻塞，宝宝吸奶时无法换气，也会有厌奶情况。

● 急性肠胃炎、尿路感染造成腹痛、发热等，宝宝会哭闹不安、不思饮食。

当有以上这些情况时，需要及时带宝宝去医院就诊。

鲍奶奶提醒

厌奶期一般会持续十天半个月，宝宝的肝脏、肾脏得到充分休息后可恢复功能，宝宝又会喜欢吃奶了。

误区4 宝宝吐奶是生病了

走出误区：吐奶是小婴儿常见现象，与小婴儿的消化道解剖和生理特点有关，未必是生病了。

小婴儿溢奶是指喂奶后从口边溢出奶液，量不多，少数婴儿在喂奶后片刻因更换尿布等改变体位引起溢奶。如果婴儿一般情况好，不影响生长发育，随月龄增长溢奶现象减少，至生后6个月自然消失，属正常现象。

妈妈竖抱宝宝拍嗝可预防吐奶

呕吐和溢奶不同，吐奶是奶水多急速从嘴里涌出，也是小婴儿常见现象，与小婴儿消化道解剖和生理特点有关。小婴儿的胃容量小，位置比较横，上口即贲门括约肌发育比较差，下口即幽门通向肠道，其括约肌发育较好。因此，新生儿胃的出口紧而入口松，奶液容易反流引起呕吐。随着宝宝生长发育，6个月后这种现象逐渐消失。

正常宝宝如果喂养或护理不当均可引起呕吐。常见的原因有喂奶次数过多、喂奶量过大，或奶嘴的孔径过大、出奶过快；喂奶时奶瓶中奶没有完全充满奶嘴，吃奶同时吃进空气；喂奶后过多变动体位等。通过改进喂养和护理方法，再加上吃完奶后竖抱起来拍拍背部，让宝宝打嗝，并让他采取右侧卧位等方法，均可有效预防呕吐。

鲍奶奶提醒

如果宝宝呕吐严重应去医院检查并及时治疗。

误区5 宝宝每次吃奶后就排便是肠道有问题

走出误区：有些母乳喂养的宝宝每次进食后不久就会排便，这是胃结肠反射造成的，以后随着消化系统功能成熟会好转。

母乳喂养的宝宝大便多为淡黄色黏稠状，中间夹杂着一些细小的颗粒，有时稀如米糊状，有奶瓣，每日数次。喝配方奶宝宝的大便通常呈褐色或黄色，质地比母乳喂养的大便黏稠。不同的宝宝排便规律差异较大。有些母乳喂养的宝宝每次进食后不久就会排便，这是胃结肠反射造成的，每当胃部有食物进入时就会刺激消化系统活动，就会引起排便，以后随着消化系统功能成熟会好转。

宝宝真正的腹泻是什么表现

母乳喂养的宝宝排便次数一般较多，母乳喂养的健康宝宝每日排便次数可频繁至10～12次。只要宝宝精神食欲好，体重增长正常，便属于正常现象。腹泻是指排便次数较平时明显增加，一般每天增加3次或以上，同时大便性状明显变稀至水样。

引起宝宝大便次数多的原因有：胃肠道发育不成熟，内容物通过速度太快，肛门括约肌发育不成熟等。感染性腹泻的大便有脓血便或水样泻，可因细菌或病毒感染引起，常伴有发热。如果宝宝腹泻伴有体重增长缓慢、严重呕吐、大便隐血，有可能是乳糖不耐受或牛奶蛋白过敏引起的。

宝宝腹泻如何处理

腹泻的宝宝要注意小屁屁的清洗

提倡纯母乳喂养，哺乳时适当缩短一侧乳房喂养时间，减少脂肪摄入。母乳有前乳和后乳之分，后乳中富含脂肪，宝宝吃了容易大便次数多。宝宝不能纯母乳喂养时，建议服用乳糖酶、添加益生元，喝部分水解蛋白配方奶粉。

宝宝患急性感染性腹泻应继续喂养，补充水分。如果急性腹泻持续时间超过5天，建议短时间应用无乳糖配方奶。高度怀疑宝宝患感染性腹泻或牛奶蛋白过敏腹泻，应找儿科或专科医生诊治。

护理宝宝要特别关注体重变化，若体重降低，可能是因腹泻引起脱水。要细心护理宝宝的臀部，便后用清水清洗，用湿纸巾擦拭后，仍需要用清水冲洗，用柔软毛巾吸干后，抹上润肤露或护臀膏。

鲍奶奶提醒

治疗腹泻的重点是解决原因而非单纯止泻，应找儿科医生诊治。

误区6 如果母乳不足就放弃母乳喂养

走出误区：妈妈不要因母乳不足从而放弃母乳喂养，母乳是越吸越多，至少坚持母乳喂养婴儿6个月后再完全使用代乳品。

世界卫生组织和国际母乳喂养协会要求纯母乳喂养至少坚持6个月，但如果妈妈奶量不足，宝宝生病，或其他原因实在无法哺乳、必须以代乳品（如配方奶）来补充婴儿营养时，需要混合喂养。混合喂养不论采取哪种方法，每天都一定要让婴儿定时吸吮母乳，补授或代授的奶量及食物量要充足，并且要注意卫生。

混合喂养的方法

混合喂养的方法包括补授法和代授法。

A 补授法

先喂母乳，接着补喂一定量的配方奶，适用于6个月以前的婴儿。其特点是，婴儿先吸吮母乳，使母亲乳房按时受到刺激，保持乳汁的分泌。

B 代授法

一次喂母乳，一次喂配方奶，轮换间隔喂食，但喂牛乳或代乳品的总次数不超过每天哺乳次数的一半。代授法适合于6个月以后的婴儿。这种喂法容易使母乳减少，逐渐地用牛乳、代乳品、稀饭、烂面条代授，可培养孩子的咀嚼习惯，为以后断奶作好准备。

混合喂养时如何保持母乳分泌

首先推荐尽量采用“补授法”，先喂母乳然后再补充其他乳品，特别是夜里更要坚持先喂母乳；保证让宝宝每天吸吮乳房8次以上，每次尽量吸空乳房。母乳喂养提倡按需哺乳。

此外，妈妈要尽可能多地与宝宝在一起，经常搂抱宝宝。当母亲乳汁分泌增加时，要及时减少配方奶的喂养量和次数。上班的母亲可以采用“代授法”，但是在上班期间，最好坚持定时吸奶。

混合喂养

鲍奶奶提醒

产妇分娩后48～72小时才能下奶，很多新生儿家长担心宝宝饿着，用奶瓶给宝宝喂奶粉，这样会造成宝宝乳头错觉。新生儿如果需要混合喂养，应注意不要使用橡皮奶头、奶瓶喂婴儿，应使用小匙、小杯或滴管喂，以免造成乳头错觉。

误区7 妈妈生病了就不要喂奶了

走出误区：很多情况下，妈妈生病了也是可以喂奶的。

母乳是宝宝最珍贵的食物，妈妈千万不要因为一点儿不适就给宝宝停母乳。这样得不偿失。妈妈在喂母乳的阶段生病了，要看病情程度，很多情况下是可以喂奶的。

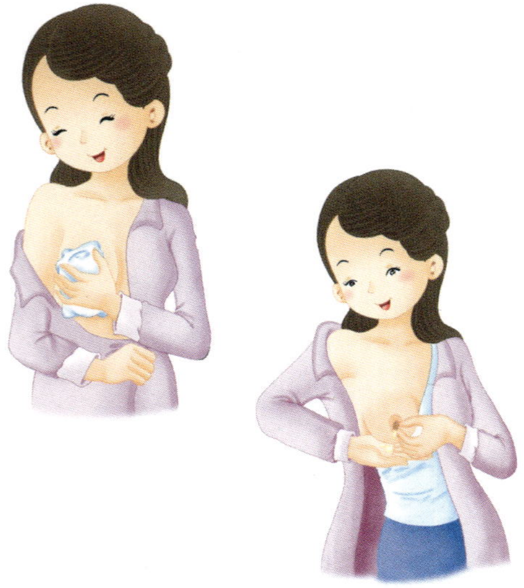

哺乳妈妈要学会护理乳房

做好护理工作，预防乳房疾病

哺乳妈妈最易发生乳头皲裂和破损，要保护和护理好自己的乳房，避免影响到哺乳。哺乳前，用柔软毛巾和温热清水擦洗乳头，不要用肥皂、酒精、消毒纸巾擦洗或搓洗。哺乳后，用电动吸奶器把乳房内剩余的乳汁吸空，防止乳汁淤积引发乳腺炎，还可以促进乳汁分泌。每次哺乳后挤出少量乳汁，涂抹在乳头上。乳汁中含丰富的蛋白质和抑菌物质，可以很好地保护乳头。

这些常见不适影响喂奶吗

A 妈妈感冒或发热可以喂奶吗?

如果妈妈的发热是由轻度乳腺炎、呼吸道感引起的，只要不是急性传染病，可继续母乳喂养。感冒的妈妈喂奶时要戴口罩，别对着宝宝打喷嚏，平时让未生病家人看护宝宝。

B 妈妈吃了药可以喂奶吗?

妈妈发热时，吃了退热药如对乙酰氨基酚，是可以继续母乳喂养的，这个药物对于哺乳期安全性比较高。其他的药物，需要听医生的建议。只要服用的药物安全性高，是可以继续哺乳的。

C 妈妈得了乳腺炎可以喂奶吗?

妈妈得了轻、中度的乳腺炎可以继续喂奶，如果喂奶时感觉疼痛难忍，可以用吸奶器挤奶后用奶瓶喂养。

D 乳头内陷或破损可以喂奶吗?

乳头内陷的妈妈喂奶的时候要让宝宝含住乳晕，而不是叼住乳头，大部分婴儿可以从扁平或内陷乳头中吸吮出乳汁。妈妈如果乳头破损较轻，可以继续哺乳，让宝宝含住乳晕而不是乳头吸吮；乳头破损严重，因为疼痛无法哺乳，可以把乳汁挤出来喂宝宝；还可以使用乳头罩（网上购买）吸吮母乳。

鲍奶奶提醒

哺乳妈妈生病需要服药时，不能善自做主乱吃药，一定要咨询医生，因为很多药物可以通过乳汁进入宝宝体内。

误区8 为了满足宝宝的营养需求，辅食添加越早越好

走出误区：6个月内的宝宝，乳类喂养可以满足婴儿对各类营养素的需求，可以不添加辅食。

世界卫生组织推荐宝宝6个月以后添加辅食。6个月的宝宝已具备消化吸收辅食的能力，消化系统基本成熟，乳牙开始萌出，嘴能咬切、咀嚼食物，能吞咽非液体食物，神经肌肉协调能力不断增强，对不同颜色、形状、滋味的食物产生欣赏能力。肾脏的排泄能力也提高了。

宝宝过早或过晚添加辅食的坏处

宝宝辅食添加，最早不能早于4个月，否则会有以下不利影响：

- 引起呕吐和腹泻，是因为宝宝还没有能力消化添加的辅食。
- 可能会发生辅食取代母乳、导致宝宝营养素摄入不足的后果。
- 也可能发生过度喂养，宝宝出现体重超重的情况。

宝宝满6个月了仍不添加辅食，会有以下不利影响：

- 会影响宝宝所需营养的摄取，阻碍生长发育，导致营养不良和微量元素缺乏。
- 不利于促进生长发育潜能的发挥。
- 影响宝宝口腔肌肉和舌的锻炼，不利于今后语言发育和良好饮食行为的培养。

● 宝宝可能出现偏食、挑食、拒食等饮食行为问题，长大后的学习成绩、人际交流、社会行为等也可能受到影响。

4～5个月的宝宝什么情况下可以添加泥糊状辅食

4～5个月的宝宝有下列3种情况说明发育良好，已经具备添加泥糊状食物的条件。

● 进食时间规律，夜间不再喂奶。

● 体重超过7.0千克。

● 宝宝看到碗里的食物时，头向前靠，流口水，甚至张开嘴巴；能很好地控制头转动的方向，如想吃时头转向食物、吃饱后把头转开。

宝宝可以吃辅食啦

鲍奶奶提醒

吸吮、吞咽是婴儿先天就会的生理功能，而咀嚼功能发育需要适时生理刺激，换奶期时添加泥状食物能促进咀嚼功能发育。

误区9 可以给宝宝先添加鸡蛋黄辅食

走出误区：许多家长认为，应先给宝宝添加鸡蛋黄。殊不知，蛋黄属于异性蛋白质，容易导致湿疹、过敏性腹泻的发生，所以现在建议7个月后开始添加，且从每天1/4个逐渐增加到1个。

爸爸妈妈给宝宝添加辅食应遵循一定的原则，即由一种到多种、由少到多、由稀到稠、由细到粗、循序渐进地添加，千万不要操之过急。

如何科学地给宝宝添加辅食

宝宝6个月了，辅食可以先从吃米粉开始，一般吃含铁米粉。在宝宝吃奶前喂，米粉用温水调成稀糊状，先喂一小勺，压住下嘴唇送到舌面上，让宝宝慢慢体会全新的进食方式。妈妈边喂边给宝宝做出咀嚼的示范动作，进行学吃的教育。如果宝宝消化好、大便正常，间隔3～5天可以增加米粉量，逐渐增多。如果宝宝出现了腹泻，大便食物残渣较多，可以维持原量，酌情减量甚至暂停辅食。

米粉添加7～10天，就可以添加菜泥了。开始可以选用根茎类蔬菜，比如胡萝卜泥、南瓜泥都可以。方法同上，每加一种要观察3～5天，观察是否有过敏表现。

然后添加果泥。苹果用小勺刮成泥，可以在两次吃奶之间喂一次。有的宝宝对苹果过敏，那就吃蒸或煮过的苹果，还可以少吃一点儿香蕉泥，具体情况还要看宝宝的消化能力。最好先添加蔬菜泥，再添加水果泥。因为水果较甜，宝宝会较喜欢，宝宝一旦养成对水果的偏爱，就很难再对蔬菜感兴趣了。

妈妈给宝宝喂辅食

绝奶奶提醒

给6个月的宝宝添加辅食的同时，喂奶量不能减少（每天为800毫升～1000毫升），否则，体重增加将减慢。

误区10 宝宝不爱喝白开水，那就多喝点儿果汁、菜汁

走出误区：有的家长为了让宝宝多喝水，就用果汁、菜汁等有味道的水诱导宝宝多喝水。长时间如此，不但会造成宝宝对白开水的排斥，还能引发口腔问题。

很多妈妈会因为宝宝不爱喝水而烦恼。其实，6个月内纯母乳喂养的宝宝可以不喝水，因为母乳中85%以上都是水分，足够的奶量可以满足宝宝对水分的需求。6个月内人工喂养的宝宝，原则上也不需要喂水。如果需要喂水可以在两次奶中间喝，水量由宝宝自己掌握，不喝也不必勉强。

白开水是宝宝最好的饮料

如何判断宝宝是否需要补水

不论是母乳喂养还是人工喂养，是否给宝宝喝水都要根据宝宝的具体情况而定，与宝宝的进食情况、运动量、出汗情况、天气、温度、疾病等有关。可以通过宝宝的尿量和颜色判断是否需要补水，每天排尿次数6～8次，颜色呈无色或微黄色，这就意味着宝宝体内水分充足，可以不用额外补充水分。

宝宝出现以下情况时就需要补水了

A 气候干燥、气温高、宝宝出汗多的情况下，宝宝尿液颜色偏黄，应该及时补充水分。

B 宝宝发热时，身体会流失水分，需要给宝宝适当补充水分。

C 宝宝腹泻，特别是稀水便时，需要多饮含少量盐和糖的水，以避免出现脱水情况。

D 宝宝处于厌奶期，摄奶量骤减，可以适当补充水分。

E 添加辅食后，应该增加水的摄入量，根据宝宝排尿的颜色，适当补充水分。

给宝宝喝什么水好

白开水是宝宝最好的饮料，还具有清洁口腔的作用。

有的家长为了能够让宝宝多喝些水，就用果汁、钙水、菜水等有味道的水诱导宝宝多喝水，宝宝喝惯了有味道的水，势必造成对白开水的排斥。此外，果汁之类的甜味水，会增加口腔问题的隐患，长期喝果汁水容易导致蛀牙形成。

鲍奶奶提醒

对于长期喝果汁、菜汁已经不接受白开水的宝宝，家长可以逐渐减少果汁、菜汁的浓度，循序渐进，把果汁、菜汁变淡，最后逐渐接近白水，让宝宝重新接受白开水，养成喝白开水的习惯。

误区11 维生素D并不是非补不可

走出误区： 宝宝出生后，补充维生素D是必要的，正常出生的孩子需要补充维生素D400国际单位/天，一般从出生后半个月开始服用，一直服到2～3岁。早产儿生后即应补充维生素D800国际单位/天～1000国际单位/天，纠正月龄满3个月后改为400 国际单位/天，直至2～3岁。

要给宝宝及时补充维生素D

婴幼儿生长发育快，骨骼的快速生长需要更多的钙沉着在骨质内。维生素D能促进钙和磷自小肠吸收，使钙从血中沉着到生长快速的骨骼内，使骨质变硬。所以，婴幼儿缺钙多是维生素D不足引起的。缺钙是“果”，而维生素D不足才是缺钙的“因”。

维生素D从哪里来

● 适当晒太阳：这是最有效、方便和经济的方法。家长可以适当增加宝宝的户外活动。春秋季，可以直接让宝宝在太阳下，夏季则要在树荫下活动。紫外线照射可促进皮肤内储存的7–脱氢胆固醇经光化学作用转化为维生素D_3。太阳光照射可使皮肤储存维生素D_3备用，不会使维生素D过量。

● 口服维生素D：食物中除海鱼的肝脏含一定量维生素D外，乳类(包括人乳和牛乳)、蛋黄和肉类中含量均很少，谷物、蔬菜和水果几乎没有。婴幼儿每天从天然食物中摄取的维生素D不能满足他们发育的需要，需要口服维生素D予以补充。

服用维生素D需要注意什么

● 除了维生素D制剂，配方奶中也含有一定量的维生素D。配方奶粉喂养的宝宝，需要根据配方奶中所含维生素D的量，对不足部分加以补充。

● 母乳喂养的妈妈补充维生素D并不可取，即使妈妈每天补充2000国际单位的维生素D，能够通过母乳给宝宝的维生素D也很少，如果补充量过多，达到4000国际单位，则会引起妈妈中毒。

鲍奶奶提醒

宝宝服用维生素D 400国际单位是每天的预防剂量，不是治疗剂量。如果宝宝有佝偻病，必须在医生的指导下增加剂量，给予相应的治疗。

有的家长在孩子生病时停用维生素D，这是不对的。维生素D除预防佝偻病外，还能提高抵抗力，有利于疾病恢复，所以生病时应继续服用。

误区12 宝宝缺钙仅需要补钙就可以了

走出误区：实际上单纯补充钙不能解决缺钙的问题，必须首先要补充维生素D。

上一节已经讲到维生素D不足才是缺钙的主要原因。钙的来源主要是奶制品，奶是天然的补钙剂。无论是配方奶还是母乳，如果宝宝一天能吃600毫升奶，补充的钙量就够了。但是，如果宝宝体内缺乏维生素D，吃进去的奶中的钙不易被吸收和利用。如果奶量足够，首先应该补充维生素D，只有当奶量不足或婴儿生长过速时，才应同时补充钙剂。

维生素D不足导致的缺钙有哪些表现

维生素D摄入不足导致婴幼儿的身体缺钙时，首先表现在颅骨软、囟门大，压头颅骨有乒乓球感。随后，胸部骨骼出现外形异常，如胸骨突起像鸡胸，两肋下缘外翻。如果下肢骨软，站立负重会造成“O”形腿或“X”腿。除骨骼变化外，早期表现还有夜间出汗多、枕部秃发形成枕秃、睡眠不安稳和容易发惊等。

以上均是维生素D缺乏性佝偻病的表现。

查血清中钙元素含量没有意义

人体血液中钙水平是稳定的，因为有甲状旁腺素和降钙素进行调节。如果体内的血钙低于正常会引起抽搐。不同微量元素体内分布不同，代谢、调节途径也不同，检测方法复杂，因此简单检测血清水平不能反映体内微量元素的状况。医生不能仅仅根据血清检测结果对儿童进行相应的治疗。

补钙应先补维生素D

鲍奶奶提醒

有些家长在给宝宝服用维生素AD制剂时，怕维生素A中毒，其实大可不必担心。目前应用的维生素AD制剂，维生素A和维生素D比例为3：1，一个AD丸含维生素A 1500国际单位，维生素D 500国际单位。只有长期服用维生素A 50000国际单位（约相当预防量的40倍），才有不良反应。

误区13 宝宝爱出汗一定是缺钙了

走出误区： 出汗多的宝宝不一定就是缺钙，绝大多数宝宝多汗为生理性的。

人体通过出汗散发热量，以维持体温正常。宝宝出汗多，有生理性和病理性两种。

如何区分宝宝是正常出汗还是异常出汗

● 正常出汗：因为小宝宝的汗腺和交感神经系统发育还不完全，体内新陈代谢旺盛，且皮肤血管分布多，体内水分含量大，加上活泼多动，出汗比成人多，所以容易出汗是一种正常的生理现象。此外，穿衣过多、盖被过厚、室温过高，均可使宝宝多汗，给宝宝吃过热的奶或其他饮食也可引起出汗。宝宝刚入睡时出汗可能是积蓄体内多余能量需要释放。为了减少宝宝睡觉时出汗，应避免让宝宝睡前进行激烈的活动，保持室内空气流通和清新，衣被厚度应适宜。

● 异常出汗：病理性多汗在小儿常见为维生素D缺乏性佝偻病，维生素D和钙、磷代谢有关。如果婴儿一直服用维生素D预防量（每天400国际单位）或经常户外活动、运动发育正常、骨骼未见异常，则不必担心此病。其他疾病除导致出汗外，还伴有其他症状，必要时找医生诊治。

捂热不仅多汗更易导致热疹

宝宝捂得过多、盖得过厚容易多汗，更会引起热疹。宝宝头上出现小红疹，有些还有小白泡，是典型的热疹——汗疱疹，由捂热所致，可能与室内温度高或局部不透气有关。

宝宝皮肤发育尚不成熟，很多部位汗毛孔还未开放，所以遇热后汗液堆积于表皮下出现很多小包，长时间会并发感染。所以，千万别捂着孩子，特别是在冬季，不要总怕冻着，否则出现热疹的机会更多。

宝宝出汗不要捂着

鲍奶奶提醒

如果宝宝的脖子摸上去温暖，手脚偏凉，就说明宝宝穿盖比较合适。

误区14 宝宝出牙晚一定是缺钙了

走出误区：有的宝宝1岁时才长出第1颗牙，家长不用担心，也不用和别的孩子比较。但是如果超过1岁半，孩子还没有长第1颗牙，建议到牙科检查。

乳牙长出的时间一般在6～8个月，也有早到4个月或晚到12个月出牙的宝宝，均属于正常现象。出牙早晚有个体差异，开始出牙的年龄与家族遗传有关。患严重的维生素D缺乏性佝偻病的宝宝出牙也会晚。如果宝宝从出生2周开始每天服用维生素D 400国际单位、营养状况良好、生长发育正常，出牙晚不能认为是维生素D缺乏导致缺钙引起的。如果宝宝没有服维生素D，应当尽快按每天400国际单位的剂量服用。

宝宝长牙的顺序是怎样的

乳牙长出的顺序，一般是中切牙→侧切牙→尖牙→第一磨牙→第二磨牙，但宝宝乳牙萌出的顺序并不一定是成对的，很多都是一个一个萌出，也有跳着萌出的。每个孩子因为遗传的原因，出牙的顺序、时间和数量各不相同。也有的宝宝可能先长出侧切牙，家长不用担心不正常。

宝宝长牙时会爱咬东西和流口水

宝宝在长牙的时候，牙龈不舒服，会用小手抠牙，还可能咬手、咬小拳头、咬玩具，此时可以给宝宝磨牙棒。家长也可以洗干净双手，用手指裹住蘸了温开水的纱布给孩子轻轻按摩牙龈，缓解疼痛。宝宝的玩具要经常清洗干净，玩偶戴的眼镜、纽扣要常检查是否牢固。

另外，宝宝因为长牙也爱流口水。口水刺激口腔周围和下巴的皮肤，容易起皮或者长湿疹，甚至破溃。家长可在宝宝睡觉时，用温毛巾轻擦局部后涂些润肤露。宝宝1岁后，流口水的情况会好转。

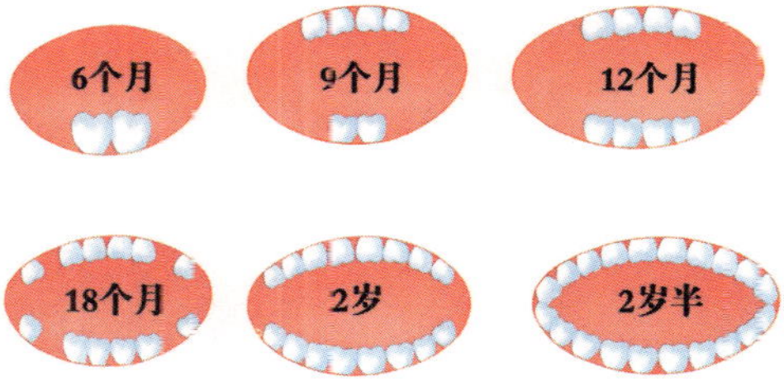

乳牙的一般萌出顺序

鲍奶奶提醒

宝宝1岁半以后，可以用小牙刷刷牙了，先用牙刷蘸清水刷，当刷牙姿势比较正确时，再开始用牙刷蘸着可吞式牙膏刷牙。

误区15 宝宝枕秃、头发少一定是缺钙了

走出误区：有很多宝宝会有枕秃现象，或者头发比较少，其实是正常的，而不是缺钙。

有枕秃的宝宝大多不是因为缺钙。维生素D缺乏性佝偻病的宝宝有枕秃表现，维生素D缺乏和钙、磷代谢有关，所以家长误认为枕秃是因为缺钙引起的。

宝宝枕秃、头发少，多半是正常现象

其实，很多正常的宝宝也会发生枕秃。有的神经易兴奋的宝宝，仰卧时动得比较多；较胖的宝宝出汗多，仰卧时枕部不舒服，喜欢来回蹭枕部的头发，头发会变得发黄、细软，有时甚至会脱发，这就是所谓的枕秃。所以，绝大多数宝宝枕秃和缺钙无关。如果你的宝宝每天服维生素D 400国际单位，就可排除缺钙的原因了。这些正常的宝宝随着头发的生长，枕秃现象会消失的。

头发的多少、颜色和软硬度与遗传有关系，小婴儿和大孩子的头发很不一样。有少数宝宝生下来就是满头黑发，大多数宝宝刚生下来头发都比较少。有的宝宝头发发黄、很软，有的稀疏不一，还有的头发很难梳理；有少数宝宝头发是立着的，像怒发冲冠一样；有的宝宝头发剃掉后，有的部位长，有的暂时不长，看起来像马赛克一样。如果你的宝宝营养充足，每天服用维生素D 400国际单位，宝宝的生长发育良好，那么上述的头发现象就属于正常，随着宝宝长大，他们的头发都会长好，家长不用担心。

鲍奶奶提醒

宝宝从出生后2周开始，应每天服用维生素D 400国际单位。

误区16 宝宝经常摇头是缺钙了

走出误区：大多数宝宝的摇头表现与缺钙无关。

很多妈妈都会问这样的问题：宝宝爱摇头是怎么回事？会不会是缺钙？确实，如果宝宝有缺钙情况，有的会表现为摇头，但摇头绝不是缺钙特有的表现。

宝宝正常情况下的摇头，根据月龄不同，原因也不尽相同。

新生儿期的摇头

新生儿期的宝宝会经常出现惊颤、用力使脸通红，头左右摇动，这是由于宝宝神经系统发育不完善造成的。随着宝宝月龄的增长，神经系统的日趋完善就会慢慢消失，所以新手父母不必担心。

但是，如果宝宝出现高热，可能发生高热惊厥时抽搐，此时的摇头就必须立刻去医院。

婴儿期的摇头

- 睡觉时不停地摇头：可能是室内的温度太高或是被子盖得太多，导致宝宝太热。要注意宝宝睡觉的环境温度要适宜，不可过热。

● 湿疹引起的摇头：有湿疹的宝宝自己不会用手抓，也会摇头来蹭痒。

● 表示抗拒的摇头：宝宝添加辅食阶段对新食物不接受时，会出现摇头、手推开表示不吃。

● 前庭功能自我锻炼：这个阶段宝宝喜欢摇头还有一种情况就是宝宝前庭功能的自我锻炼。只需要提供安全的环境让宝宝去练习即可。

宝宝爱摇头未必是缺钙

● 模仿大人：宝宝到七八个月时，模仿能力很强，有时成人教导宝宝用摇头表示“不要”，宝宝刚学会这个动作时会很乐意不断重复模仿。

● 还有的宝宝喜欢通过摇头表明对音乐节奏韵律的感受。

鲍奶奶提醒

如果宝宝经常摇头，睡觉时哭闹、抓耳，有时还发热，那就要多加注意了，宝宝可能是患了外耳道炎或中耳炎。应该及时检查宝宝的外耳道有无红肿现象，如果有的话，应及时带宝宝去医院诊治。

误区17 给宝宝喂饭省时又省事

走出误区：1～2岁的宝宝应该开始练习自己用餐具进食。有的家长为了省时省事，于是喂宝宝吃饭，其实是剥夺了宝宝自我探索、培养自立能力的机会。

宝宝1岁了，很喜欢自己用勺舀饭吃，有的家长怕宝宝自己吃饭弄得一塌糊涂，又很费时，干脆喂饭，结果宝宝上幼儿园吃饭时张着嘴巴等着老师喂饭。这会挫伤宝宝的自尊心和自信心，也影响宝宝的手眼协调能力和精细动作发育。

宝宝学习自己吃饭的好处

1～2岁的宝宝应该开始练习自己用餐具进食。让宝宝练习用勺吃饭。用双手操作尝试自己吃，这是一种探索行为，是在培养自立能力，家长应给予充分的支持和鼓励，多对宝宝说“好”“能干”“真棒”等，绝不能嫌脏、怕乱加以阻止或训斥。由于宝宝这时进餐的能力差，成人可以一边让宝宝自己吃，一边喂饭，使宝宝在20～30分钟内进餐完毕。

如何让宝宝养成良好的进食习惯

宝宝进食时不要玩耍、不要看电视或家长不应追逐喂食。如果宝宝玩食物就应告知食物不是玩具，再不听就把饭菜收走，半小时到一小时后再端给宝宝，以后进餐时宝宝可能就会比较严肃认真了。如果宝宝拒绝吃某种食物，要反复耐心地让宝宝尝试。家长不爱吃的食物，也要做给宝宝吃，并要用言语渲染，以增加宝宝对食物的喜好。参照膳食平衡宝塔图，安排宝宝的日常饮食。食物烹调方式以蒸、煮、炖、炒为主，注意食物的色香味。可让宝宝参与食物的制作过程，提高宝宝对食物的兴趣。

宝宝自己吃饭是自我探索、培养自立能力的机会

鲍奶奶提醒

为了防止宝宝拒食、偏食和过食喂养，家长应少提供高糖食物、快餐食品、碳酸饮料及含糖饮料给宝宝。

误区18 宝宝吃饭吃得不多，要想方设法补上

走出误区：其实，宝宝吃饭可以几天好、几天差，这是宝宝机体自我调节的结果。爸爸妈妈不要不顾宝宝的表现，一味给宝宝喂食。

很多家长希望宝宝多吃些，如果吃少了，就想方设法要补上。其实，宝宝自身对饱和饿有一定的调节能力，如吃饱了常常会用手推开食物，不让喂或到别处玩。父母看到这种情况就应停喂。如果不顾宝宝表现，一味给宝宝喂食，能够适应这种方式的宝宝，其饮食中枢阈值提高，往往体验不到饱的感觉，结果越吃越多，摄入的能量过

宝宝不爱吃饭不宜强迫

剩，易造成肥胖。对于胃肠道不能适应的宝宝会引发厌食、挑食的行为。其实，宝宝吃饭可以几天好、几天差，这是宝宝机体自我调节的结果，父母应顺其自然，不必教育。如果宝宝精神好，身高和体重增长正常，没有贫血，说明宝宝现在营养的摄入量已经够了。

喂养不当导致的宝宝食欲不佳，要及时纠正

有时候宝宝不爱吃饭，是因为食欲不佳，这多是宝宝吃饭吃得太勤、进食不规律造成的。喂养不当是当前城市孩子存在的主要问题，由于家庭经济改善，市场上儿童食品供应增多，独生子女娇生惯养，家长缺乏喂养知识，让宝宝乱吃零食，乱给宝宝添加“营养食品”。一些高蛋白、高糖食品反而使宝宝食欲下降。

正常宝宝每隔3～4小时胃内容物会排空，血糖要下降，就会产生饥饿感，有想吃食物的欲望，如果饭前吃零食和糖果或进食太频繁，胃内总有东西，血糖不下降就不会有食欲，所以要使宝宝有食欲、喜欢吃东西，就要定时、按顿进食，饭前不吃零食或喝饮料，以免血糖升高（正常范围）影响食欲。即使宝宝有几次进食不好也不要着急，不要恐吓或祈求宝宝进食，一顿不吃不必顾虑，也不要再用零食补充，宝宝下顿饿了自然会吃了。

鲍奶奶提醒

爸爸妈妈应注意自己的语言和行为，给宝宝提供良好的进餐环境和气氛，让宝宝在心情愉悦时进餐，有利于增加食欲和促进营养素的吸收。

误区19 宝宝服用益生菌的误区

走出误区： 益生菌在肠道内能形成生物屏障，排斥和抑制有害细菌，产生对人体有益的物质，促进消化吸收与肠蠕动，增强人体免疫力。但是，爸爸妈妈在给宝宝服用益生菌的过程中会有一些误区。

剖腹产儿、早产儿、低体重儿、人工喂养儿，腹泻或便秘的宝宝，患肠炎的宝宝，消化不良的宝宝，以及乳糖不耐受的宝宝，均应适当服用益生菌。

服用益生菌的常见误区

误区1：宝宝腹泻好了就不需要服用益生菌了。

宝宝腹泻恢复期，大便不可能立即恢复正常，往往不太消化的大便会持续几天，此时应继续服用益生菌。益生菌通过调整肠道菌群，不仅可以保护肠道黏膜、抑制肠道内的有害菌，还助于营养物的消化和吸收。所以，建议宝宝腹泻停止后继续服用益生菌1～2周。

误区2：酸奶可代替益生菌。

笔者在临床上曾见过，母乳喂养的6个半月宝宝排便费力，大便干结，妈妈给宝宝喂了酸奶，目的是补充益生菌。她认为酸奶为食品，至少比药物安全。结果两次喂养后，婴儿开始哭闹、腹泻、大便带血丝、湿疹加重——典型的牛奶蛋白过敏现象。宝宝1岁内不应接受鲜奶及其制品。酸奶也是鲜奶制品。

误区3：益生菌是有益菌，所以可以长期服用。

当宝宝出现胃肠感染、服用抗生素等情况下，按照医生的医嘱可以服用一段时间益生菌，但不建议长期服用或者当作保健品服用。

酸奶不能代替益生菌

鲍奶奶提醒

对1岁以内或本身有牛奶过敏史的宝宝，服用益生菌制剂时一定要注意制剂中是否含牛奶，更不要选择酸奶等牛奶制品代替益生菌。

PART

2

走出婴幼儿护理误区

误区20 新生儿黄疸很常见，不必太重视

走出误区：很多宝宝出生后不久都会出现黄疸，爸爸妈妈要密切观察宝宝的黄疸是否有逐渐加重的趋势，不能掉以轻心，否则如果宝宝患的是病理性黄疸，很可能会耽误了治疗。

新生儿黄疸是新生儿时期常见的症状之一，它可以是新生儿正常发育过程中出现的症状，也可能是某些疾病的表现，如果黄疸严重还可能造成新生儿不可逆的损伤。爸爸妈妈应该掌握生理性黄疸与病理性黄疸的基本区别，对新生儿黄疸应有警惕，以防对病理性黄疸的疏漏。

生理性黄疸和病理性黄疸

- 生理性黄疸：新生儿生后2～3天出现生理性黄疸，4～5天达到高峰，7～10天后消退，最多不超过2周，早产儿可延迟到3～4周，一天内不应该迅速升高。正常新生儿吃奶好、睡眠好、体温正常、 大便金黄色等，不伴其他异常症状。生理性黄染一般局限在巩膜、颜面、躯干。若四肢皮肤见黄染，黄疸可能偏高，继续进展出现手足心黄染，说明胆红素水平已明显超标了，须及时去医院检查。

● 病理性黄疸：病理性黄疸可由多种疾病引起。如果新生儿的黄疸出现过早，常在24小时内出现黄疸程度过重，血清胆红素>220.6 μ mol/L（12.9mg/dl）；黄疸进展过快，血清胆红素每日上升>85 μ mol/L（5mg/dl）；黄疸持续时间长，超过2～4周；黄疸进行性加重，均可诊断为病理性黄疸。

病理性黄疸的特点

一旦怀疑新生儿有病理性黄疸，应立即就诊

生理性黄疸是正常现象，无须紧张，但病理性黄疸应引起重视，因为它常是疾病的一种表现，应寻找病因。病因多种多样，比如因黄疸超标住院的新生儿，有的发现是感染，有的发现是先天性心脏病，有的发现是母子血型不合溶血病等。此外，未结合胆红素浓度达到一定程度时，会通过血—脑屏障损害脑细胞（常称核黄疸），引起死亡或脑性瘫痪、智能障碍等后遗症。所以，一旦怀疑新生儿有病理性黄疸，应立即就诊。

鲍奶奶提醒

爸爸妈妈应学会观察宝宝的黄疸情况，要在白天很亮的自然光线下观察。如果新生儿肤色深不易观察，可用手指轻压皮肤后放开，即可发现有无黄染现象了。

误区21 宝宝发热了，要立刻用退热药

走出误区：宝宝一发热，很多家长不分缘由，马上就用退热药，这是医疗中的大忌。发热并不全是坏事，首先发热是报告宝宝患病的信号，其次发热有利于调动宝宝身体免疫功能，有利于杀灭与清除细菌、病毒，促使疾病痊愈。

正常宝宝的基础体温为36.9℃～37.5℃。1岁以内的婴儿体温在37.5℃以下都属正常。原因是婴儿体温调节中枢尚未发育成熟，致使婴儿的体温会受到环境温度的影响。一般当体温超过基础体温1℃以上时，可认为发热。其中，低热是指体温波动于38℃左右，高热指体温在39℃以上。连续发热两个星期以上称为长期发热。

宝宝发热该怎么处理

宝宝的腋温低于38.5℃时，采取物理降温，建议多给宝宝喝水，适当减少衣服，再观察体温，如果继续升高，就要查一下血常规，以便对症用药治疗。腋温在38.5℃以上时，可以采用物理降温加口服退热剂或看医生。

物理降温最常用的就是用温水擦浴，用37℃左右的温湿毛巾给宝宝擦澡，擦拭部位为全身，包括宝宝的额头和面部。天气暖和时，可选择给宝宝直接洗温水浴，重点是控制好水温，水温最好保持在38℃～40℃。

退热药怎么用

对小儿安全的两种退热药：乙酰氨基酚有效退热时间3～4小时，布洛芬维持6～8小时，两者交替使用，用法见说明书。使用退热药属于对症治疗，只能短暂降低体温，使机体舒适感增加，原则上建议在腋温38.5℃以上使用，次数不宜多，间隔不宜密，避免过度使用，以免造成体温过低。

天气暖和时可以给发热的宝宝洗温水浴

儿童常用剂型为口服剂和栓剂，其中口服剂为最常用剂型，一般在服用半小时左右开始生效；栓剂通过直肠黏膜直接吸收，适合不能口服或高热惊厥需要立即降温者，腹泻患儿不适用。

宝宝发热出现哪些情况需要马上就医

符合以下任意一条的宝宝都应该立即送医院诊治。

A 月龄在3个月以内；

B 发热40℃以上持续24小时，少尿或者无尿；

C 低热持续4天以上；

D 发热引起抽搐；

E 剧烈呕吐或者吞咽困难；

F 呼吸急促，嘴唇发紫；

G 精神差，活动低，甚至昏睡；

H 热退24小时后又复升高。

鲍奶奶提醒

小婴儿禁止使用酒精擦浴，没有表达能力的婴幼儿禁止使用冰枕。

误区22 宝宝经常感冒发热是体质原因

走出误区：有的家长认为宝宝经常感冒发热是因为体质虚，不惜给宝宝极力补充各种营养品，结果宝宝仍是感冒发热不断。其实，宝宝爱生病很多时候是由于家长平时的护理不当引起的。

宝宝感冒不能乱吃抗生素

孩子经常发热实在令家长苦恼。怎样能够预防孩子发热呢?爸爸妈妈为此实在是费尽了心机。有的家长天稍冷一点就把孩子关在屋子里不许出门，有的即使带孩子出门也要全副武装。殊不知，这种不当的护理措施反而造成了宝宝爱感冒发热。对平时经常感冒发热的宝宝应该怎样护理好呢?这里提几点建议，爸爸妈妈不妨试一试。

A 要让孩子经常到户外活动，接受自然风光的沐浴

如果宝宝经常被关在家里，稍微一出门受点儿凉就会生病。要让宝宝适应自然环境，这是预防疾病的重要措施。

B 孩子平时的衣着要适中，不要过厚过暖

因为多数宝宝体内的热量都很充足，而且宝宝活动量普遍很大，如果衣着过暖，稍一活动就会出汗，而活动一停下来，着一点儿风就容易生病。中医所说的“汗出当风”是小儿感冒发热的主要原因。

C 平时要经常给孩子喝水

6个月以后的宝宝活动量逐渐增大、出汗也多，多喝水才能及时补充出汗所丧失的液体。多喝水还能促进人体代谢，使代谢产物及时排出，这样也能防止生病。

D 注意饮食结构，使孩子的大便保持通畅

经常感冒发热的宝宝多半内热较盛，即人们平时所说的“火”大。对这种类型的宝宝饮食要注意合理搭配，多吃青菜和水果，少吃肉类、巧克力和油炸食品。除了合理的饮食结构外，还要训练孩子的排便习惯，每天大便一次。只有大便通畅，体内的各种代谢产物才能及时排出。

鲍奶奶提醒

爸爸妈妈不要宝宝一感冒就给他吃抗生素。宝宝的普通感冒90%以上是病毒性感冒，病程约需1周，服用抗生素是无效的，因为抗生素是治疗细菌感染的，对病毒感染无效。

误区23 宝宝咳嗽要立即吃止咳药

走出误区：关键是要找到宝宝咳嗽的原因，不要一咳嗽马上就给宝宝吃止咳的药物。

引起宝宝咳嗽的原因很多，例如，宝宝喝的奶水、吃下的食物，从胃反流进食道和口腔，引起呛咳；宝宝患感冒、咽炎、喉炎、鼻炎、气管炎、肺炎等呼吸道感染疾病；宝宝对冷空气、尘螨、动物皮屑等过敏引起咳嗽。爸爸妈妈应配合医生，弄清楚宝宝是因为什么咳嗽，针对不同的病因给予相应的处理。

呛奶等食物反流性咳嗽

● 发生呛奶的处理：让宝宝侧卧，脸朝下，不要马上竖抱，防止奶液呛入气管。宝宝呕吐不是严重问题，但如果奶液等呛入气管，容易造成吸入性肺炎。

● 预防呛奶的方法：宝宝吃奶时，不要引逗他玩，妈妈要用中指或食指做成剪刀状，压着乳头的根部，从而防止堵塞宝宝的鼻孔，也可减少奶水的流量，还可控制宝宝的吃奶速度。注意宝宝吃奶的姿势，不要叫他仰着头吃奶。大人坐着时，身体要向后仰，宝宝的嘴向下，或是平行。喂宝宝不要太饱，吃奶后把宝宝竖抱靠在肩上，轻轻地拍几下后背，让宝宝打个嗝，以防溢奶。

呼吸道感染引起的咳嗽

● 鼻炎引起的咳嗽：孩子在白天很少咳嗽，夜里睡觉时候会加重，特别是半夜和凌晨咳嗽比较明显。

● 喉炎引起的咳嗽：犬吠样咳，喉炎引起的喉头水肿，容易造成呼吸困难，而吸入凉空气可至喉部水肿减轻，家长需要做的是第一时间打开窗户或加湿器。急性喉炎多数是由病毒感染引起的，所以抗生素对喉炎是没有治疗作用的，需要在医生指导下使用激素药物治疗。

花粉、动物皮屑、尘螨可引起宝宝过敏性咳嗽

● 感冒引起的咳嗽：如果宝宝只有咳嗽、咳痰，没有气管炎肺炎的表现，可以不用口服药，而是使用雾化吸入治疗。若痰液较多，还可以在雾化液中加入化痰的药物，通过雾化稀释痰液，更利于排出痰液。一定要明确是细菌感染引起的炎症，才需要使用抗生素。病毒感染引起的感冒，吃抗生素是没用的。

过敏性咳嗽

如果宝宝没有发热、流鼻涕等症状，而只是在接触了如花粉、动物皮屑、尘螨等就咳嗽，很可能是过敏了。应对过敏导致的咳嗽，要做到以下两点：

A 改善或远离过敏环境

宝宝如果对尘螨过敏，家里尽量少用吸尘器、地毯，不要让宝宝玩不易清洗干净的毛绒玩具；如果是对动物皮屑过敏，建议家里尽量不养宠物；如果是对花粉等过敏，在花粉较多的季节，宝宝出门应戴口罩。

B 到医院就诊

到医院检测过敏原，找到引起宝宝咳嗽的过敏原因，在医生指导下接受抗过敏及脱敏治疗。

鲍奶奶提醒

患过敏性咳嗽的宝宝，一定要在医生指导下使用抗过敏药，且不可长期使用。最重要的，还是要远离过敏原的刺激。

误区24 宝宝爱流泪、眼屎多，肯定是上火了

走出误区：中医理论认为，宝宝体内有积热会导致眼睛分泌物增多，但不完全是。更常见的可能是鼻泪管发育不全或细菌感染等。

宝宝眼屎多、爱流泪有以下几个原因，不同原因需要不同的处理办法。

原因一：眼睫毛的刺激

正常的宝宝，2～3个月大时眼睫毛容易向内生长（倒睫毛），眼球受到摩擦刺激就产生了眼屎。一般1岁左右，睫毛会自然向外生长，眼屎便渐渐少了。

消除方法：平时可用温毛巾将眼屎擦干净，也可以用棉签蘸2%硼酸溶液，从内眼角向外眼角轻轻擦拭干净。

原因二：细菌感染

如果宝宝突然有很多眼屎，且为黄色，同时还伴有眼充血、发红，则可能是由于细菌侵入到泪囊引发角膜炎，角膜可由黑变白形成白斑，若不及时治疗会影响小儿的视力发育。

消除方法：出现这种情况不要擅自用滴眼药，要及时到医院就诊。此外还要强调个人卫生，不与别人混用脸盆、毛巾等洗浴物品，以防引起交叉感染。

原因三：婴儿鼻泪管发育不全

婴儿鼻泪管较短，开口部的瓣膜发育不全，位于眼的内眦，使眼泪无法顺利排出，导致眼屎累积。此类情况和感染不同之处在于眼结膜不充血（不红）。

消除方法：可每天用手在宝宝鼻梁处稍加按摩，帮助鼻泪管畅通，但这种按摩一定要在儿科医生的指导下进行。

鼻泪管发育不全，可轻轻按摩宝宝鼻梁两侧

原因四：鼻泪管堵塞

鼻泪管堵塞可以导致宝宝一只或两只眼睛产生过量的泪液，这些泪液顺着脸颊往下流，没有通过鼻泪管流入鼻腔。

消除方法：一般到宝宝9个月时，堵塞的鼻泪管不需要治疗就能自行打开。另外，家长也可以通过轻轻地按摩宝宝的内眼角以下鼻梁骨两侧的部位来促进鼻泪管的打开，但这种按摩一定要在儿科医生的指导下进行。

鲍奶奶提醒

由鼻泪管堵塞造成的眼睛有分泌物，并不是真正的眼部感染，所以不需要用抗生素。这种现象随着鼻泪管的发育自然会消失的。在极少的情况下需要眼科医生考虑外科手术打开堵塞的鼻泪管。

误区25 宝宝4～5个月时不会翻身不正常

走出误区：宝宝4～5个月时不会翻身也是正常，爸爸妈妈可以帮宝宝多练习，让宝宝尽快学会翻身。

老话讲“三翻六坐”，其中“三翻”是说宝宝3个月以后就会翻身了，但是事实上很多宝宝四五个月时还不会翻身，于是很多家长着急了，担心自己的宝宝有问题。虽然宝宝的发育轨迹大致相同，但是因为存在个体差异，不同宝宝同一项技能出现的时间可能略有不同。宝宝四五个月时不会翻身也是正常，家长不必担心，可以帮宝宝多练习，让宝宝尽快学会翻身。

宝宝练习翻身需要注意什么

A 翻身训练的时间

翻身训练最好在哺乳前或哺乳后1个小时、宝宝精神状态好的时候进行。

B 让宝宝平躺

可以让宝宝平躺在床上或地垫上，如果是在床上，床垫一定不要太软。

C 宝宝不要穿得太多

室内温度要适宜，不要给宝宝穿得过多，以免限制宝宝的活动。

B 准备玩具

准备一些宝宝喜欢的玩具，作为逗引工具。

怎么帮宝宝练习翻身

帮助宝宝练习翻身

先让宝宝平躺在床上，家长用宝宝感兴趣的玩具在宝宝身体两侧逗引他去抓玩具，直到引着他翻过去。

如果宝宝没有翻身意识，可以先练习侧俯卧位翻身。让宝宝侧卧位，家长在前面用玩具逗引宝宝，让他自己翻到俯卧位，如宝宝还是翻不过去，在背部略微助他一些力，帮助宝宝翻身。宝宝会从仰卧位翻身到俯卧位后，再练习从俯卧位到仰卧位翻身。翻身练习建议每天练习3～4次，每次5～10分钟。

最初练习时，宝宝翻过去后可能会把自己的胳膊压在身体下面，这个时候家长要帮宝宝把胳膊拿出来，练习得多了，宝宝也就知道自己把胳膊拿出来了。

鲍奶奶提醒

宝宝练习连续翻身可以锻炼身体移动的能力，促进其主动探索活动的发展，也使宝宝的身体控制能力不断提高。

误区26 宝宝头偏斜不必及时矫正

走出误区：宝宝头偏斜不止影响美观，还可能对正常生长发育带来不利影响，因此要及时矫正。

多数家长往往把带养宝宝的重点全部放到了吃、睡、体重增长等方面，而忽略了颅骨的正常发育，一旦宝宝头部偏斜得明显了才开始着急。还有一些家长认为，只要宝宝吃好睡好头偏斜点问题不大，头偏斜只是不好看，女孩子长大后有头发遮挡就行了。其实，新生儿特别是早产儿头骨相当柔软钙化程度不高，头颅很容易受外力影响而变形。

宝宝侧卧睡觉

妈妈怀孕时胎位不正、多胎、孕期营养不良、生产时使用外力，宝宝出生后睡姿不当、因接受治疗等原因头部固定时间过长，都可能引起宝宝头偏斜。

矫正宝宝头型的3种方法

A 根据宝宝的长相选择合适的睡姿

有的宝宝颧骨较高，如果俯卧，以后颧骨会更高，脸形反而变得不好看了，这样的宝宝采取左右侧睡的方式比较合适。如果宝宝的颧骨不太高，可让宝宝多采取俯卧的方式，这样就会使颧骨高一点，变得好看些。

B 根据宝宝的天性调整睡姿

一般宝宝习惯面向妈妈睡觉，也喜欢对着灯睡。如果家长不注意的话，久而久之，宝宝面向妈妈或灯的一侧头枕部就会睡扁。根据这个特性，家长要时常调换宝宝的睡觉位置，包括醒的时候，不要每天都睡同一侧，还可以移动灯的位置，妈妈也可以经常和宝宝互换位置睡。

C 使用塑形头盔

如果宝宝的头偏得非常严重，可以选择塑形头盔。这种头盔类似安全帽的构造，材质极轻，依宝宝理想头形测量制作，让凸出部分不再生长，而让扁平处有较大生长空间，借由头盔施予头骨各部分不同的压力，造成头骨不同的生长速率，宝宝就会依此塑形头盔自然矫正头形，但是量制头盔必须由医生指导，量头订制。

鲍奶奶提醒

宝宝出生3个月后经过物理矫正效果不好，囟门骨缝没有闭合前（18个月），骨头尚软，这段时间都有机会改变头形。多数情况下只要注意改变睡姿就可能扭转歪斜程度，建议爸爸妈妈抓住这个最佳时机。

误区27 宝宝出现对眼、斜视，一定是异常

走出误区：大多数1岁以内的宝宝出现对眼、斜视，属于暂时的生理现象，待宝宝面部骨骼发育成熟，这种现象就会消失。

很多细心的妈妈会发现，宝宝有些对眼，或者有的宝宝眼睛转动不协调，看东西的时候白眼球多，这是斜视吗?

宝宝的对眼斜视现象

婴幼儿时期，特别是1岁以内的宝宝，由于鼻骨不发育，两眼距离较近，宝宝喜欢通过目不转睛的凝视来观察周围事物，妈妈在与自己孩子对视时总觉得宝宝好像是对眼。其实，这对于大多数孩子来说，属于暂时的正常生理现象，随着面部骨骼的发育，尤其是眼眶及鼻骨的发育，这种假性对眼会逐步消失。

每只眼睛的运动都由6条肌肉控制，小宝宝因为调节眼球活动的肌肉发育不完善，常会有发育不均衡的现象，宝宝的双眼共同协调运动能力较差，所以会出现斜视现象。

父母需要注意什么

在这个时期，如果父母在护理上不尽心，就有可能诱发或加重宝宝对眼和斜视。比如，经常只让宝宝看一侧光线，不注意经常变换体位；或者把婴儿床上的玩具挂得太近，使宝宝两眼经常注视近物等。

父母要注意变换宝宝睡眠的体位，使光线投射方向经常改变，今天头睡左边，明天睡右边，隔日调换，这样就能使宝宝的眼球不再经常只转向一侧；小床上彩色玩具不能挂得太近，至少距离1米以上，也可在各个角度多挂几个，以免宝宝只注意一点，这样就可避免宝宝发生对眼或斜视了。

让宝宝看挂在不同角度的玩具

鲍奶奶提醒

如果宝宝已有对眼或斜视，就更要引导宝宝向多个方向注视来加以矫正，到了3岁仍不见好转，应找眼科医生诊治。

误区28 小婴儿一哭就抱不好

走出误区：宝宝还是小婴儿的时候，通常使用哭来表达自己的需求，并不是无理取闹。小婴儿哭时，爸爸妈妈可以抱抱宝宝，弄清楚问题在哪里，并及时作出处理。

小婴儿哭是因为他需要帮助，哭就是他的呼叫，因为他相信他的呼叫能招来环境的帮助，特别是父母的帮助，这是婴儿最初对环境特别是对父母的基本的信任感。如果父母这时对婴儿的呼叫置之不理，婴儿就会更使劲地哭，如果再没反应他就会失望，对父母甚至对周围环境失望，从而失去对人基本的信任感，在情感上会变得冷漠。如果这种情感在以后的发展过程中得不到补偿，那么这个婴儿就会带着不健全的人格走向社会。

但是，婴儿哭是有原因的，比如说他是饿了哭，父母就要过去抱抱宝宝，给他喂食；当他尿湿了哭时，父母过去抱抱他，给他换尿布；当他因为冷了或热了哭，父母过去抱抱他，给他增减衣物。

总之，哭是有原因的，一定要理解宝宝的哭声，及时、准确地作出处理。当问题解决以后，宝宝不哭了，就不一定要抱着宝宝。你可以让宝宝平躺着，逗他玩，和他说说话，或者让他俯卧位，练练抬头。父母要经常关心宝宝，必要时抱抱宝宝，抱宝宝不是目的，而是要设法帮宝宝解决问题。有时候宝宝并没有什么实际需要，而是感到寂寞了，这时也应该抱抱他。对宝宝的哭，父母应该学会理解宝宝的需求，作出准确的、及时的反应，这样有利于宝宝安全感的建立，并逐渐产生对父母的依恋感情。

对婴儿哭闹要及时作出反应

鲍奶奶提醒

宝宝平时睡得很好，但如果突然发生夜间哭闹，找不到原因，且伴有发热、呕吐等，有可能是生病了，应尽快到医院诊治。

误区29 抱着宝宝睡觉会惯坏他

走出误区：3个月内的宝宝，如有需要，都可以抱着睡。这时的宝宝还没有记忆力，不用担心使宝宝养成抱着睡的习惯。

有的宝宝大人抱着睡得很好，白天可以睡很长时间，一放到床上睡一会儿就醒了，怎么办？其实3个月内的宝宝，如有需要，都可以抱着睡，因为这时的宝宝离开子宫内的生活不久，他不习惯身体没有被包围的环境，如果被抱着，有一种安全感，特别是俯卧在妈妈胸前，还能听着妈妈的呼吸和心跳声，能睡得更好。这时的宝宝还没有自己调节入睡的能力。1～2个月的宝宝每天要睡14～15小时，充足的睡眠对宝宝大脑发育很重要，而抱着睡往往能使宝宝睡得更好。但是，晚上怎么办？晚上可以用一个棉包布将宝宝包起来，也可以使宝宝睡得更好。

抱着宝宝睡觉可以给他安全感

很多家长问：抱着宝宝睡会不会惯坏他，使他形成抱睡的坏习惯？不会的，因为这时的宝宝还没有记忆力，不用担心使宝宝养成抱着睡的习惯。但是，3个月后宝宝变机灵了，有记忆力了，就要逐渐养成自己入睡的习惯。

宝宝3个月后，应该开始建立健康的睡眠常规了。那么，有哪些方法可以培养宝宝良好的睡眠习惯呢？

A 睡眠环境应较安静，光线应较暗。

B 宝宝睡自己的小床（小床可以放在成人大床旁）。

C 起床和入睡时间应严格规定，加强生理节奏周期的培养。

D 室温保持舒适水平，不宜过热而扰乱睡眠。

E 入睡时应避免饥饿，上床或夜间不宜过多喂水，以免因排尿扰乱睡眠。

F 白天小睡应适当，避免白天长时间或频繁小睡。

G 睡前1～2小时避免玩得太兴奋。

H 睡前洗温水浴，做婴儿按摩操有利睡眠。

I 养成宝宝自己入睡的习惯，避免养成睡前抱、拍、晃或含奶头睡的不良习惯。

鲍奶奶提醒

宝宝长到三四个月时，其颈椎开始向前弯曲，这时睡觉时可枕1厘米～2厘米高的枕头。

误区30 宝宝从小和妈妈分床睡不好

走出误区： 孩子从小跟妈妈分床睡对双方都有很多好处。

老的观念认为，婴儿都应该睡在妈妈身边，这样孩子睡得暖和，妈妈喂奶护理也方便。实际上，分床的好处很多，你可以将一个小床放在大人床边上，孩子吃奶的时候抱过来也很方便。现在很多宝宝睡觉时会用尿不湿，除了大便，一般尿尿不用换尿布了，所以分床睡不会给妈妈带来很多不便。新生儿和妈妈分床睡的具体好处有：

- 新生儿的皮肤娇嫩，容易感染。孩子独自睡小床容易保持环境的清洁，避免感染。小床的被、褥、床单都小，容易拆洗、消毒，这样对保护新生儿细嫩的皮肤非常重要。

- 分床能给孩子带来安全和温暖，妈妈也可以休息得更好。新生儿自己不会翻动，成人睡觉时不可避免地要经常翻身，一不小心就可能压到孩子。笔者就见过一个孩子被妈妈用被窝闷后脑缺氧，大脑发育小了一圈，很可能影响智力。

- 分床可以使母亲在有限的时间里休息得更好，不需要常常提心吊胆，一会儿怕压着孩子，一会儿又怕闷着孩子，一会儿又怕被子没有盖好，使自己睡得不踏实。

- 分床睡是培养孩子独立性的开始。独立性的发展快慢和父母的观念与教育方法有很大的关系。分床可以对孩子独立性发展起一定的促进作用。

- 小床灵活，便于搬动，可以经常调换方向和在小床上挂些玩具，以促进小宝宝的视觉和听觉进一步发展。

宝宝和妈妈分床睡好处多

鲍奶奶提醒

3～4个月的宝宝可以开始学习自己入睡了。如果宝宝喂奶时睡着了，你应将宝宝叫醒，在他醒时放到床上让他自己入睡，这样做的目的是分开吃和睡的经验，随着宝宝的成熟，可以养成吃睡分离的习惯。

误区31 宝宝睡觉时面部和全身出现动作，提示睡眠不安稳

走出误区：宝宝睡觉时面部和全身会出现动作，其实是处于浅睡眠状态，并不是睡眠不安稳。

新生儿每个睡眠周期约45分钟。睡眠分为深睡和浅睡。年龄越小，浅睡时间相对越长，约占睡眠时间的1/2。宝宝深睡时很少运动，呼吸规则；浅睡时常常有吸吮动作、肌肉颤动，面部有时出现微笑，有时似做鬼脸，有时噘嘴，身体像伸懒腰，有时突然发生一阵阵的肌肉运动，偶然发声，呼吸不规则。

不要打扰宝宝的浅睡眠

有的妈妈对宝宝观察非常仔细，误认为浅睡眠时的表现为睡眠不安稳，宝宝可能有什么不适，对宝宝过度护理，反而影响宝宝的正常睡眠。因此，妈妈要认识宝宝浅睡的表现。宝宝在浅睡时，除吃奶外，尽量不要因过多关照和护理打扰宝宝的美梦，因为浅睡对大脑发育很重要。如果在宝宝浅睡时不打扰他，让深睡和浅睡两种状态交替进行，逐渐延长夜间睡眠时间，有利于大脑发育。

有的宝宝晚上入睡困难，夜间醒后难入睡，怎么办

有的宝宝确实存在入睡困难、夜间醒后难入睡、睡眠不安稳等问题，使家长非常疲劳，也影响宝宝有充足的睡眠时间，应该如何改进呢？家长首先要了解，睡眠问题是儿童自身的特点和外界环境（父母育儿方式）相互作用的结果，其中父母养育方式不当在影响宝宝睡眠问题中起着主要的作用。有的家长有抱着宝宝在睡前拍打、摇晃、走动的习惯，等到宝宝睡着后才放到床上。宝宝含着妈妈的乳头入睡也很常见。

为了纠正宝宝的不良睡眠习惯，可以参照以下方法：

不要打扰宝宝浅睡眠

第一夜入睡时，让宝宝自己躺在小床上睡，如果孩子开始哭，可让他哭一段时间，至少1～2分钟，可给予安慰，但不要抱起来，直到他安静下来，父母可离开。如果宝宝又哭，等待更长时间（2～5分钟），再给予安慰。这样可反复多次，这个过程可持续数小时，鼓励父母坚持这样做。

第二夜入睡时做法同前，但宝宝哭闹时等待时间要延长。第一次为2～4分钟后给予安慰，第二次5～10分钟，以后更加延长。父母这样做时不应该生气或缺乏信心，要坚持做下去。

第三夜可以见效。宝宝会由大哭变为小声啜泣，以后停止哭泣，自己入睡。这样做，宝宝夜间醒来时间变短，醒后不哭，自己会又进入睡眠。

鲍奶奶提醒

宝宝睡前要吃饱，但尽量少喝水，夜间醒来不要喂水，以免因排尿扰乱睡眠。睡前给宝宝洗温水澡、做婴儿按摩操有利于睡眠。

误区32 宝宝爱上吃手，要立即纠正

走出误区：宝宝爱吃手，未必是坏事，应具体情况具体分析。尤其是小婴儿吃手，其实是在生长发育过程中的一种心理需求和一过性行为，是一个认知的过程，家长不要盲目干涉。

宝宝吃手到底要不要管？不同阶段的宝宝要给予不同的对待。

2～3个月的婴儿吃手很自然

2～3个月的婴儿不知道手是自己的，在偶然的机会注意到自己的手，将手放进嘴里，吃得很香甜满足，这是孩子的探索行为，不需要阻止。小婴儿的手经常握拳，当碰到物体时有时会张开，可以让他摸一摸不同质地的物品，学习握一会儿。在宝宝视野范围内手能够到的地方悬挂一些玩具，他会挥动小手偶然碰到玩具，在这种反复接触中学习手眼协调地动作，从而发展为有意去接触玩具。

4～6个月的婴儿吃手是感知力发展

4～6个月的婴儿可以手眼协调抓玩具，不但会吃手，还会把抓到的玩具等任何物体放到嘴里，家长不用紧张，不用制止，口内探索利于宝宝感知能力的发展。可以把玩具放在不同距离的地方，且是宝宝经过努力可以够得着的地方，让宝宝凭自己的努力去够取玩具，不要被动将玩具放在宝宝手中。6个月时训练宝宝把玩具从一只手传递给另一只手。坐位时，宝宝一只手中已经拿了一个物体，再给同一只手一个物体，看是否会将原来的物体传递给另一只手，如果不会，可以教教宝宝，几次后就会学会。

7~12个月的婴儿吃手缓解出牙痛

6个月以后，多数宝宝出牙了。出牙时宝宝会感觉不舒服，通过咬自己的手指、拳头或其他物品来安抚自己。就像我们大人腿酸时，按揉肌肉可以缓解疼痛，是一个道理。可以给宝宝咬牙胶，达到轻轻按摩牙龈的作用。但很多婴儿还是喜欢咬自己的手指、拳头，不用给宝宝过度纠正。

不同阶段的宝宝吃手的应对方法不同

1～2岁的幼儿吃手需要引导

1岁后的宝宝吃手，主要是寻求安全感，宽松、温馨的家庭气氛会增加宝宝的安全感，家长要避免过度指责批评宝宝。如果宝宝长时间专注地吃手，家长需要引导宝宝，把注意力从手指转移到玩具、画册等色彩鲜艳的东西上。当宝宝吃手时，可以给他磨牙饼干或磨牙棒，把小手解放出来。

学龄前期或学龄期儿童还吃手或啃指甲要多关爱

学龄前的孩子如果还在吃手，多数是心理原因所致，与体内缺少某种元素关系不大。家长应该与孩子多交流，了解孩子心理状况，是不是关爱不足，并扩大孩子的兴趣范围，鼓励他们逐渐改掉不良习惯。

绝奶奶提醒

家长不要为了防止新生儿小手指抓破脸，就给他戴手套或穿长袖衣服，应该经常给宝宝剪手指甲，即使偶尔抓破脸，也不会留下瘢痕。因为手是重要感觉器官，要让手自由活动，这对大脑发育有重要意义。

误区33 给宝宝按摩可以随意安排

走出误区：给宝宝做按摩对宝宝的身体和心理健康有明显促进作用，虽然不必拘泥某些刻板固定的形式，但有基本的按摩程序和规律。

现代研究证明，通过按摩皮肤进行触觉刺激，对婴儿身体和心理健康有明显促进作用。另外，按摩可以增强宝宝的免疫力，促进胃肠道对食物的消化、吸收。各国流行的对婴儿的按摩模式不完全相同，不必拘泥某些刻板固定的形式，但有基本的按摩程序。先从头部开始，接着是脸、手臂和手、胸部、腹部、腿和脚，然后是背部。每个部位需按摩2～3遍。身体较小的区域用指尖，大点儿的部位用手指、掌心或整个手掌。开始动作要轻，然后适当增加压力，这不但能刺激皮肤感觉神经末梢，还可以刺激深部感受器。按摩时间从开始数分钟，逐渐延长到15～20分钟。

按摩最好在两次喂奶中间进行或在洗澡以后。室温在22℃～26℃为宜，如果室内较冷，可用取暖器，使宝宝周围局部温度提高到适宜温度即可。给宝宝按摩前，大人要先用热水洗手，可用润肤油倒少许在手心作为润滑剂。宝宝脱下衣服，躺在铺有垫子的床上、桌上或妈妈双腿上。妈妈可采取合适的姿势进行按摩。

按摩是亲子情感交流的最好方式，可用轻音乐伴奏，边按摩边和宝宝面对面交流谈话。妈妈要密切注意宝宝在接受按摩过程中的反应，根据宝宝反应调整按摩的方式和力度。在按摩进行过程中，宝宝出现以下的反应，如哭闹、肌张力增高、活动兴奋性增加、肤色变化或呕吐等，应停止该部位的按摩，如持续1分钟以上，应完全停止按摩。

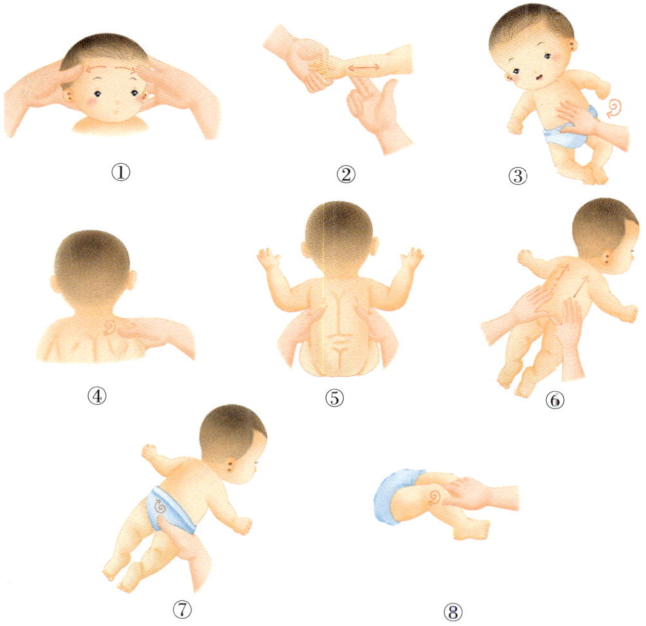

给宝宝按摩好处多

鲍奶奶提醒

早产的宝宝体温不稳定，进行按摩时周围温度应在30℃～34℃，或在暖箱、暖床上进行。要考虑宝宝的个体差异，按摩只在那些能从按摩中受益的宝宝身上施行。宝宝患病时暂停按摩。

误区34 2个月大的宝宝听到声音不会转头，说明听力有问题

走出误区：2个月大的宝宝听到声音转头能力差，并不代表一定是听力出问题了。

经常有妈妈带着2个月的孩子找我看病，说孩子听到声音不会转头寻找声音，是否听力有问题？其实未必是宝宝听力有问题，需要经过科学的检查才能明确诊断。

如何检查宝宝听力是否有问题

当我检查时，上面提到的情况的孩子会听到声音转头。2个月宝宝头的转动能力较差，为了证明宝宝能听到声音，我让宝宝平卧在诊查台上，我用手托起宝宝的头部，然后让妈妈距离宝宝耳边约10厘米处，在宝宝的视线外，轻轻地呼叫他，宝宝就很快转头面向妈妈，并看着妈妈。然后，我将宝宝的头恢复到中线位，让妈妈在另一侧耳旁轻轻地呼唤宝宝，这时，宝宝的头转向在另一侧的妈妈。反复做几次宝宝都能有这种表现，这会使得妈妈相信孩子是会寻找声音的。

如果你不会用上述方法，可以用别的方法证明孩子有听的能力。当宝宝突然听到较响的声音，会出现全身抖动、两手握拳、前臂急速屈曲或皱眉头、眨眼睛等，有时还可以看到吮奶动作。晚上当宝宝睡觉时，如果听到大的声响，他也有惊跳的表现。如果没有以上表现，应该提高警惕。耳聋早期发现、早期干预很重要，如果发现要及时戴助听器，可以预防语言和智力的障碍。

如何促进宝宝听觉能力的发展

为了训练宝宝定向找声的能力和头控能力，可以用咯咯声小盒、小沙锤或拨浪鼓，在宝宝仰卧头中线位时，发声物品分别在宝宝左右耳旁10厘米的距离轻轻摇动3～15秒，吸引宝宝的注意力，让其迅速找到发声物品。宝宝在俯卧位时，用发声性玩具逗引宝宝抬头。这些练习还可以培养宝宝的兴趣，加强对物品的认知能力和促进宝宝的俯卧位抬头能力的发展。练习时周围环境需要相对安静，宝宝不注视任何物体时才能引出听的定向反应。

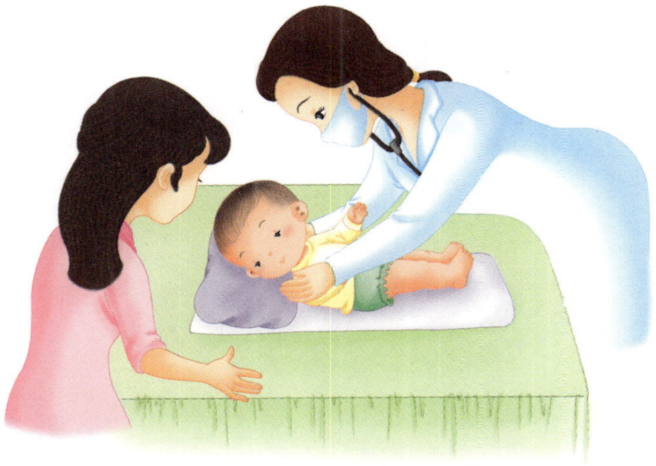

检查宝宝听力是否正常

鲍奶奶提醒

检查宝宝听力是否正常最准确的方法是请专门的医务人员检查听觉诱发电位，如果是正常就肯定没问题。

误区35 宝宝下肢大腿纹和臀部纹不对称是髋关节发育异常

走出误区：宝宝臀纹、大腿纹不对称只是一个提示信号，但不一定说明有问题。宝宝的下肢脂肪分布不匀称可导致皮纹不对称，尤其是胖宝宝更易出现臀部皮纹不对称。所以，判断髋关节发育不良不能只依据臀部皮纹不对称。

宝宝下肢的大腿纹和臀部纹不对称是很多家长关心的问题，最担心的是宝宝是否有单侧髋关节脱位。这是一种发育性髋关节脱位，如能发现，越早治疗，效果越好。但是，正常情况下宝宝也会出现臀纹不对称的现象，所以学会正确的检查方法尤为重要。

如何给宝宝作检查

可以请儿科医生或骨科医生检查：检查时，婴儿仰卧位，观察双下肢是否等长，等长为正常，双下肢不等长表示有单侧髋关节脱位；平卧位屈髋屈膝两足放床上，如双膝高低相等为正常，单髋关节脱位时，双膝高低不相等，进一步确诊可做B超检查。

妈妈也可以给宝宝做“外展试验”：把宝宝两腿先伸直并拢，再并拢膝盖弯曲起来，然后将两个膝盖分开，把宝宝的两个腿像青蛙腿一样分开下压，直到双腿和床平行为止。如果不能平行至少能够下压80度，如果不能或者存在高危因素，需要专科医生进一步检查，以明确有无疾病的存在。

临床流行病学发现，在给新生儿包“蜡烛包”或者把宝宝小腿捆绑起来等习惯的区域或民族中，髋关节发育不良高发，如北美的印第安部族、我国北方部分地区等。反之，在非洲或者我国南方部分地区，由于天气炎热，家长把宝宝下肢分开来抱的地区，髋关节发育不良的发病率明显较低。这些现象告诉我们在宝宝生长发育过程中，带养的方法也非常重要。

我们提倡给宝宝用纸尿裤，抱宝宝的时候多用骑跨式、多用背带背宝宝。这样一来，让宝宝的双腿自然而柔和地外展，并保持活动状态，股骨头和关节囊得到自然的“治疗”，即使宝宝本来有发病基础，大多数也是可以治愈的。

① ②

检查是否有髋关节发育异常

鲍奶奶提醒

臀纹、腿纹不对称是婴幼儿髋关节发育异常的早期信号之一，与此类似的信号还有分腿紧、两腿不一样长、患肢活动减少。这些信号往往提示宝宝可能存在早期的髋关节发育异常。

误区36 宝宝囟门闭合早会影响智力发育

走出误区：如果宝宝的头围增长速度在正常范围内，同时神经精神发育与其年龄相符，即使囟门早闭，也不会影响其智力的发育。

囟门是婴儿头顶颅骨互相连接处还未完全骨化的部分，由额骨、顶骨、枕骨合并而成，有前囟、后囟两个囟门。前囟为额骨和顶骨形成的菱形间隙，又俗称“天门盖”，位于头顶部前中央。

宝宝多大囟门会闭合

婴儿出生时前囟对边直径大小为1.5厘米~2.0厘米，出生头几个月内前囟会随头围的增大而扩大，一般6个月后随着额骨和顶骨逐渐骨化而缩小，到了18个月左右闭合。

囟门早闭会影响宝宝智力吗

有的孩子在6~7个月时囟门就已经关闭了，家长很担心会影响宝宝的智能发展。虽然前囟正常在18个月左右关闭，但有些孩子前囟关闭较早，这并不意味着头颅不再增大，因为头围停止生长要等到13~14岁时骨与骨之间的骨缝融合。因此，有些宝宝虽然囟门早闭，但随着脑的发育，头围依然会继续生长，一般不会影响智能的发育。

但有一种情况，即头小畸形的小儿，其囟门早闭是由于脑发育差引起的，会导致智力发育迟缓。因此，对于囟门早闭要具体情况具体分析，判定其是否会影响到孩子的智力发育，最合适的方法是定期测量头围和随访孩子的神经精神发育进程。

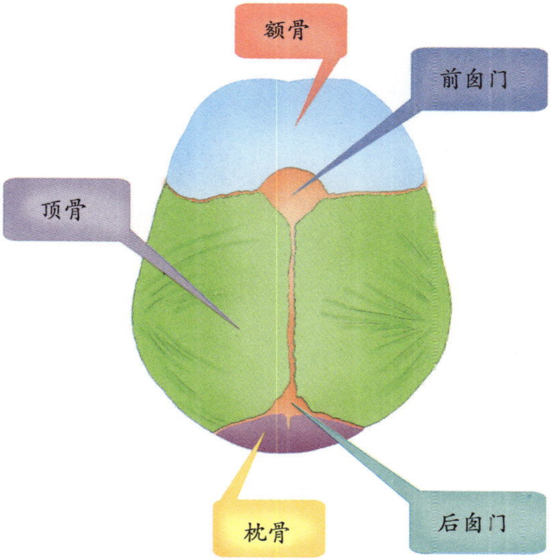

宝宝的前囟门和后囟门示意图

鲍奶奶提醒

囟门闭合早的宝宝，照样需要每天补充维生素D。

误区37 乳牙将来都会更换，无须特别关注

走出误区：很多家长误认为宝宝长牙以后不需要特别的护理，反正还会换牙。殊不知，乳牙护理不好，也会对恒牙造成影响。

许多家长都忽视了宝宝乳牙的重要性，认为乳牙将来会更换，无须特别关注。这是极为错误的。重视乳牙的护理至关重要，因为乳牙不好对小儿发育会产生多方面的不利影响。

预防龋齿的方法

A 避免躺着用奶瓶喝奶

避免让宝宝躺着用奶瓶喝奶，易造成乳牙反咬合，俗称“地包天”。

B 不要过多食用零食

防止宝宝过多食用零食、甜食、甜饮料等。

C 及时清洁宝宝牙齿

从宝宝第一颗乳牙萌出开始，父母就应该手指缠上湿润的纱布轻轻清洁宝宝的牙齿，宝宝1周岁后可用手指牙刷湿润后为宝宝刷牙，宝宝3周岁以后开始使用不含氟的牙膏。

D 奶瓶喂养要科学

奶瓶喂养宝宝不能超过1岁半，不要让宝宝含着奶嘴睡觉，因为奶瓶中的液体会成为口腔内致龋细菌的极佳培养基。另外，奶瓶液体中的碳水化合物会被细菌分解产酸，侵蚀牙齿，使牙齿脱矿溶解，形成龋齿。

怎样给宝宝刷牙

从宝宝第一颗乳牙萌出开始，父母一只手固定宝宝，另一只手帮宝宝清洁牙齿。手指上缠上湿润的纱布，依次轻轻擦拭宝宝的牙齿。宝宝1~2岁时，家长可用手指牙刷湿润后为宝宝刷牙，可以不用牙膏。2～3岁以后，选择适合宝宝年龄段的专用小牙刷，配合无氟牙膏，由父母帮助宝宝刷牙。因为宝宝行为能力有限，而刷牙又是一个精细的动作，所以，暂时还需要家长帮忙。以后可以尝试让宝宝自己刷牙，家长旁边指导，渐渐掌握刷牙要领。

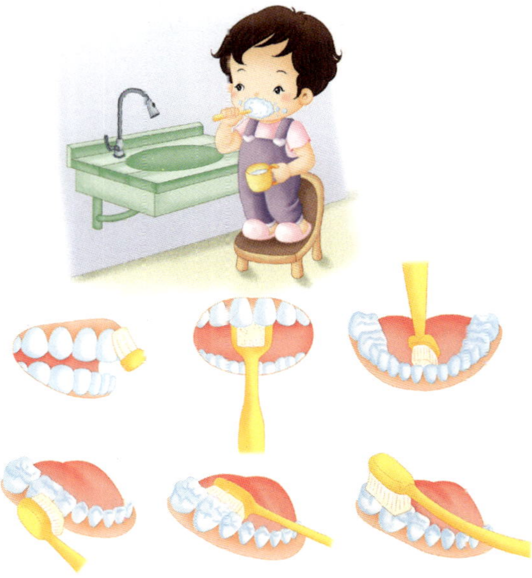

让宝宝学会正确的刷牙方法

鲍奶奶提醒

乳牙患龋齿严重会破坏牙齿的结构，影响宝宝的咀嚼和进食，以及营养吸收和全身发育。龋齿会引起乳牙早失，造成恒牙排列不整齐，影响美观，对宝宝的正常心理发育也会产生影响。宝宝患严重的龋齿时变形链球菌会进入血液循环，引起严重疾病，如心脏疾病、肾脏疾病等。

误区38 尿布换得不勤没关系

走出误区： 有的家长为了图方便省事，有时候宝宝尿布尿湿了也不及时更换，从而使宝宝得了“红屁股”或“尿布疹”，严重伤害了宝宝的小屁屁。

宝宝的小屁股长时间浸泡在尿液中或裹湿尿布，皮肤受到尿液刺激，就会出现红色的小疹子或皮肤变得比较粗糙，称作“红屁股”或“尿布疹”。早产低体重儿、配方奶粉喂养的婴儿、腹泻婴儿及刚开始添加辅食的婴儿更易发生“红屁股”。

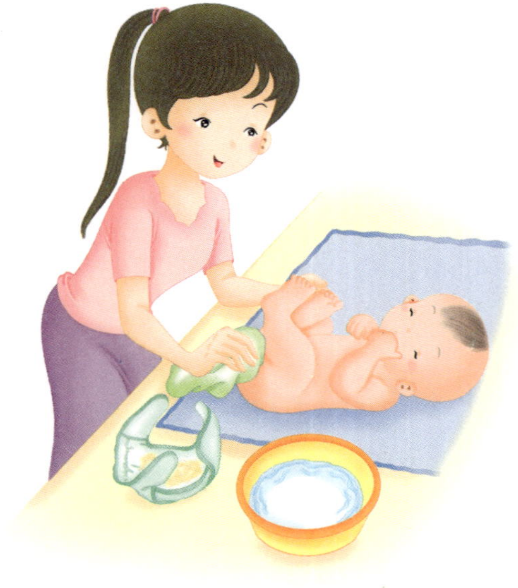
给宝宝清洗小屁屁

如何预防宝宝红屁股

● 保证宝宝臀部皮肤完整且干爽相当重要，干爽的皮肤才不容易发生红屁股。

● 宝宝排便后都要用温水冲洗臀部去除粪便，避免粪便对臀部的刺激。如果用湿纸巾擦拭，用后也最好用清水洗，以免皮肤受损。

- 当宝宝的臀部冲洗干净后，不要急于换上新尿布，要等待臀部皮肤完全干爽后，再涂一层皮肤保护剂如凡士林或含有氧化锌的护臀膏等，防止下次排便对臀部皮肤的刺激。

宝宝“红屁股”要怎么护理

治疗“红屁股”最好的方法就是保持干爽，护臀膏只能预防“红屁股”，并不能治疗“红屁股”。具体的护理方法如下：

A 每次排便后，用温水冲洗小屁股，用柔软的棉布、纸巾轻轻沾干水渍，也可以用吹风机吹干；不要使用毛巾或湿纸巾等擦拭已破溃的臀部皮肤。

B 当宝宝红屁股有溃破时，涂氧化锌油，也可用金霉素眼药膏保护皮肤。保持臀部干爽就是最好的治疗。

C 白天可以让小屁股多暴露在空气中，可以用灯“烤”局部，烤的时候注意距离保持在1尺以上，不要过热，避免灼伤宝宝。

鲍奶奶提醒

提醒大家一个和尿布使用有关的问题。有时妈妈会发现宝宝尿布上有粉色痕迹，以为是血液，很着急。其实，这种颜色的痕迹通常代表宝宝的尿液浓缩，是一些盐类沉淀物，给宝宝多喂奶或适当喂水可消失。如果长期可见粉色的痕迹应该咨询儿科医生。

误区39 女宝宝每次大小便后都要清洗小屁屁

走出误区：家长不需要在女宝宝每次大小便后都为她清洗。女宝宝的一些阴道分泌物就像一道天然的屏障，对她娇弱的阴部皮肤黏膜可以起到一定的保护作用。过度的清洗反而不利。

女宝宝阴部的自我防御功能弱，而且阴唇单薄，对内部器官的保护作用小。同时，女宝宝的阴道和肛门的距离比较近，容易受到大便的污染，所以需要格外注意女宝宝阴部的护理方法。

女宝宝阴部的特殊生理特征决定了家长需要格外注意并勤为她清洗，但并不代表每次大小便完都要清洗，一般来说，女宝宝阴部最好每天用温水清洗2次。

妈妈该如何清洗女宝宝阴部

女宝宝阴部的清洗顺序和擦拭的方向一样，一定要从前向后，因为女婴的尿道口、阴道口与肛门的距离非常近，更容易受到粪便的污染。具体方法如下：

- 用一块干净的纱布从中间向两边清洗宝宝的小阴唇，也就是她小便的部位，再从前往后清洗她的阴部。
- 清洗宝宝的肛门时，尽量不要在清洗肛门后再擦洗宝宝的阴部，避免交叉感染，因为肛门附近的褶皱部分最容易积存细菌。应把宝宝大腿根缝隙处清洗干净，这里的褶皱容易堆积汗液。

- 用一块干毛巾蘸干宝宝皮肤上的水分。宝宝的皮肤薄而脆弱，如果用力不当，搓擦的方式可能会给她带来不适。

- 女宝宝小便后，用柔软、无屑的卫生纸巾拭擦她的尿道口及其周围。大便后为她擦拭时，家长需要注意擦拭的方向是由前向后，以免不小心让粪便残渣进入宝宝阴部。

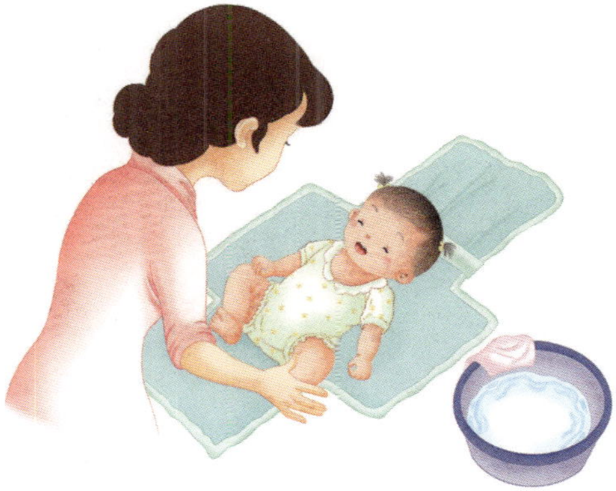

女宝宝阴部的护理

女宝宝外阴护理需注意什么

A 慎用洗涤剂

宝宝的皮肤娇嫩，易对洗涤剂、柔顺剂等物质过敏，从而造成女宝宝阴部皮肤受损增加感染的机会。

B 避免异物进入阴道

不要将爽身粉涂抹在宝宝阴部附近，以免进入阴道内引发不适。女宝宝外出时尽量不穿开裆裤，以免灰尘进入女宝宝的阴道。

C 保持外阴清洁和干燥

宝宝的尿布或纸尿裤要注意经常更换。如果使用的是传统尿布，最好选择纯棉质地。

D 器具专用

宝宝用的清洗盆具和毛巾不能用于其他用途。毛巾在使用后最好用开水烫洗消毒，并悬挂在阳光下暴晒。

鲍奶奶提醒

为了更好地预防阴道疾病，应给女宝宝使用吸水性强、透气性好的尿布，勤洗勤换，保持卫生，大便后要为女宝宝清洗外阴，不让粪便污染宝宝的会阴部。宝宝长大一点后，尽早脱去开裆裤，避免阴部外露污染。此外，妈妈也要积极治疗自身生殖系统传染性疾病，以免传染给宝宝。

误区40 为了训练宝宝排便，要延长坐便盆时间和经常把尿

走出误区：一味地给宝宝频繁把尿或延长坐便盆时间，并不利于宝宝排便习惯的训练。

国外有研究发现，宝宝1.5～2岁是训练排便的最佳时期，但是，我国有从宝宝3～4个月开始把大小便的习惯。8个月宝宝如果独坐平稳，可以训练他在便盆上“方便”。当宝宝有排便前的刺激反应时，立即给宝宝拿便盆，让他坐在便盆上。开始时，妈妈帮着扶住他，发出“嘘嘘”或者“嗯嗯”声，诱导宝宝完成排便过程。渐渐地，便盆可以放在固定的位置，但不能放在黑暗处，以免宝宝害怕，这样宝宝便会知道，家里有一个属于他“方便”的位置。

训练宝宝坐便盆

家长要尊重宝宝的意愿，宝宝坐便盆的时间不宜太长，一般5～10分

钟即可。如果宝宝没有便意，就让他起来，过一会儿再去；也不要让宝宝坐在便盆上吃东西、玩玩具或看图画书，以免转移注意力。

家长不要频繁给宝宝“把尿”，要有意识地逐渐延长“把尿”的间歇时间，使宝宝的膀胱充盈度增加，这对宝宝的整体成长有益。随着宝宝的长大，要减少其尿布的使用时间。

待宝宝大一点儿了，可以带着宝宝一同挑选他喜欢的便盆，使宝宝对便盆产生兴趣，他才可能会有坐在便盆上大小便的欲望。在宝宝1.5～2岁时，父母应注意观察宝宝的排尿次数和间隔时间，以掌握规律并提醒宝宝坐便盆。在习惯未养成前，宝宝有时尿湿了裤子，父母不能因此而责备宝宝。当宝宝主动说要撒尿并坐便盆排便时，父母要及时给予“真是好孩子，学会自己大小便了”等鼓励性话语。即使宝宝养成了习惯，学会坐便盆排尿，但有时也会因玩耍忘了坐便盆排尿，或有时尿湿裤子，此时父母应原谅宝宝并说：“不要紧，下次记住有尿自己去坐便盆，就不会尿裤子了。”这样不会给宝宝增加任何压力。

鲍奶奶提醒

宝宝坐便盆时，便盆应放在卫生间（安静、人少、不容易分心）。宝宝经过几次训练，就会学会坐便盆，家长要给予及时表扬和鼓励。此外，宝宝有时学会的东西，暂时退步也是正常现象，以后会再学会的。

误区41 宝宝站得太早会导致腿变弯

走出误区：宝宝腿是否变弯，与站得早晚没关系，是与营养有关的。

按照大运动发展的顺序，宝宝会坐、会爬后就要开始站立了，8～9个月时他们开始是在坐位时拉着栏杆或扶着前面的小桌慢慢站起来，逐渐地只要稍微有点儿支持就可以站起，比如扶着沙发、拉一下大人的手臂，而且可以站较长时间，甚至扶着东西试着迈步。

宝宝站得太早会不会不利于腿的发育

有些家长会担心，宝宝是不是站得太早了？8～9个月时不敢让宝宝站立，担心宝宝的腿会变弯。其实腿是否弯，与站得早晚没关系，是与营养有关的。如果宝宝体内的钙与维生素D不足，骨的硬度不够，站立时会导致下肢骨变形，呈“O”形或“X”形腿，这是维生素D缺乏性佝偻病的后遗症。如果宝宝不缺乏维生素D或钙，一般是不会出现腿弯的。当然也不能让宝宝维持一个姿势太长时间，要不断变换体位，采用不同的姿势和体位与宝宝玩耍。宝宝在发育过程中，一旦具备了某种能力就会不断尝试，人为地限制会使宝宝不愉快。家长需要做的就是保证宝宝足够的维生素D和钙剂的补充，加强肌肉的力量，促进运动能力的发展。

如何锻炼宝宝腿部的肌肉以利于站立的学习

我们知道，宝宝站立时需要骨骼的支撑和肌肉力量的辅助，那么怎么才能使腿部的肌肉有力量呢？首先是营养，营养状态良好的宝宝肌肉的弹性就好；其次是需要一些锻炼，妈妈可以与宝宝玩蹲下起来的游戏。宝宝立位时地上放一些玩具，妈妈扶着宝宝的双手或腋下，让宝宝蹲下捡起玩具。可反复做10～20次，每天可做2回。还可以放一个小椅子，让宝宝坐下、起立，多次练习，使宝宝下肢的肌肉得到很好的锻炼。腿部力量增强了，站立就会稳定。

锻炼宝宝站立

鲍奶奶提醒

在宝宝学习站立和行走的过程中，很多家长会有错误的认识，引导宝宝站立和行走的方法也不科学。这些都需要及时纠正。

误区42 使用学步车对宝宝学习走路有益

走出误区：宝宝使用学步车，不利于控制平衡能力和学习走路，还可能影响智力发育，因此宝宝最好不用或少用学步车。

“学步车”名为学步，其实不能达到“学步”的目的。宝宝学步时，只有通过自己主动活动，才会学习掌握平衡身体的能力。如果宝宝依靠“学步车”，就会失去掌握平衡的机会，不利于控制平衡能力和学习走路。有一项关于5～15个月宝宝用学步车的跟踪调查结果显示，常用学步车的宝宝会坐、会爬和会走的平均时间比不用学步车的宝宝约晚1个月。研究结果还显示，使用学步车的宝宝智力发育测验方面的分数低于没有使用过学步车的宝宝。

宝宝学习独立行走的正确方法

独立行走是宝宝大运动发育的重要里程碑，家长都很重视，但是宝宝什么时候能独立行走有很大的个体差异。宝宝从10个月到1岁半会独立行走都是正常的，但多数宝宝会在1岁多时能够独立行走。

下面介绍宝宝学习独立走的过程：首先学习交替踏步是行走前的必要准备，比如跳舞、原地踏步。可以扶宝宝的躯干或胳膊踩地上放的纸团、快落地的肥皂泡泡等练习。

站立是步行前所必须具备的第二个条件，可以让宝宝站在沙发或矮桌边，宝宝会沿着沙发或桌子向侧方迈步，递给他一个玩具，使他不得不松开扶着的手。也可以让宝宝背靠沙发站立，递给他不同的玩具，要求每次尽可能地向前伸手取物。行走练习的难易程度逐渐增加，如在早期，地面要平坦，环境要整洁，因为初学时宝宝会经常跌倒。开始尽可能领着宝宝双手练习行走，当宝宝技能提高后，减少给予的帮助。

宝宝练习走路（1）

家长可给宝宝一个椅子或小车推着走路；还可以用一块长毛巾拦在宝宝身上，家长在后面抓住毛巾，随着宝宝向前走，一旦不稳时可随时扶住；还可在垫子上或公园的草地上，家长对面站，鼓励宝宝行走分别去找爸爸或妈妈。当宝宝开始独立迈出几步时，可以设置一些小通道让他沿着走，或用带子和绳子放在地上做成小通道让他沿着走。不要直接递给宝宝玩具，而是让宝宝步行走到房间另一边去拿玩具。家长可以让宝宝做个小助手，帮助收拾玩具并放入柜子内等。

宝宝练习走路（2）

鲍奶奶提醒

开始学走路时，尽量不要使孩子摔痛，以免产生学走路的恐惧心理，影响学习走路。

误区43 关于宝宝骨头和关节现象的误区

走出误区：“扁平足”“O形腿”“内八字”这些现象在宝宝生长过程中都可能出现，是否治疗因情况而定，有的现象随着宝宝年龄的增长会逐渐消失，爸爸妈妈不要太担心。

下面针对关于宝宝上述现象的误区做一下解释。

为什么宝宝有扁平足，一定要穿纠正鞋

很多宝宝生下来有扁平足，有80%～90%的宝宝到6岁时扁平足会消失。宝宝为什么有扁平足呢？这是因为宝宝的骨头和关节很灵活，当他站立的时候就会引起足部扁平。另外，宝宝的脚部内侧还有脂肪垫，可以将足弓挡住。如果家长把宝宝的脚抬起来，就可以看到足弓，但当宝宝站立时，足弓又消失了。对于足弓没有发育的宝宝，纠正鞋不仅不能帮助宝宝的足弓发育，还可能引起比扁平足更严重的问题。如果宝宝感到脚很僵硬或疼痛，这时需要请骨科医生处理。

宝宝有“O形腿”和“内八字”必须治疗

很多宝宝的小腿在2岁以前都有点儿弯曲，以后会长直。有的宝宝看上去有一定程度的“内八字”，一般在宝宝7岁以后会消失。宝宝无论是“O形腿”还是“内八字”，都只是正常情况的少许偏差，不需要治疗，用支架、矫形鞋以及特殊的训练一般都没有用，甚至有可能阻碍宝宝的生理发育，并造成不必要的心理压力。极少数宝宝的“O形腿”或“内八字”是由疾病引起的，需要找医生治疗。维生素D缺乏性佝偻病可以引起O形腿，因此，宝宝3岁以前一定要服用维生素D预防量，每天400国际单位。

宝宝“O形腿”要及时治疗

鲍奶奶提醒

如果孩子的“内八字”现象到9～10岁仍不改善，可以请外科医生诊治。

误区44 宝宝足尖着地提示得脑瘫了

走出误区：很多正常的宝宝也会出现足尖着地表现，未必是得脑瘫了。

有很多家长因为宝宝有足尖着地的表现，担心宝宝有脑瘫的可能，为此到处求医，有的孩子接受了药物、仪器等很多治疗方法，遭受了痛苦。在这些有足尖着地表现的宝宝中，有些是早产儿，也有些是正常儿。我们了解了这些孩子母亲的妊娠、分娩史，孩子的生长发育史，通过体格、神经运动检查和智力测查，未发现异常，经过随诊观察，发现其以后运动发育正常。所以，足尖着地的宝宝有很多是正常儿。

那么，如何区分宝宝足尖着地是正常现象还是脑瘫引起的呢？有一种简单的方法可以区别，即检查足背屈角的方法，做法是：扶住婴儿的腿伸直，使足背屈向小腿，用手掌压足底，足背和小腿前侧形成的角度为足背屈角。正常为70度或小于70度；脑瘫儿为大于70度，通常为90度。注意检查时宝宝的下肢应放松。

有医生做过研究，观察100个足月出生的正常儿，从3～4个月开始检查是否有足尖着地现象，同时检查足背屈角，并观察婴儿的运动发育。结果是：23%的婴儿在4～10个月中有足尖着地现象，但这些婴儿足背屈角均小于70度，运动发育也全部正常。

什么情况下怀疑脑瘫呢？脑瘫发生于有脑损伤的孩子，正常儿和大部分早产儿没有脑损伤，一般不会发生脑瘫，所以不必因足尖着地而紧张，可以自己测查足背屈角。如果是32周以下出生的小早产儿或有其他有脑损伤的婴儿怀疑有足尖着地的表现时，要慎重，应找小儿神经科医生检查。

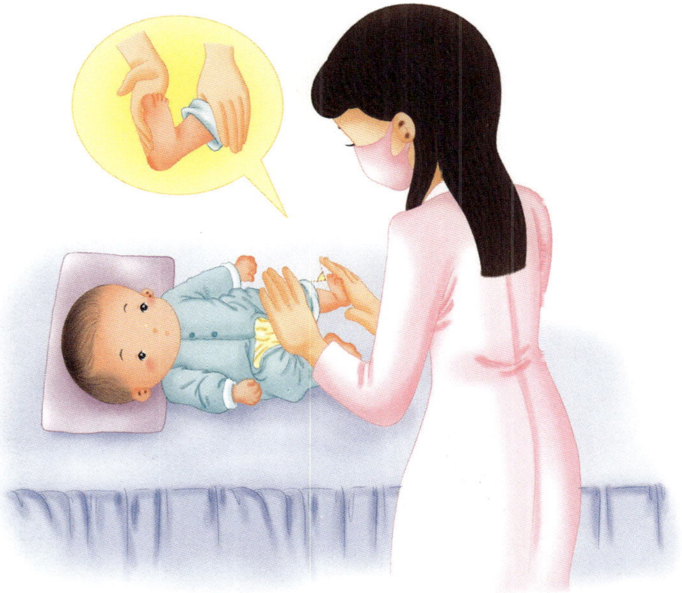

检查足背屈角的方法

鲍奶奶提醒

脑瘫患儿需要早发现、早干预，给予专业的康复治疗，这需要患儿家庭和全社会的共同努力。

误区45 宝宝被动肌张力增高提示得脑瘫了

走出误区：有的宝宝肌张力增高，是因为敏感，而不是得了脑瘫。

肌张力就是肌细胞相互牵引产生的力量，用以维持身体各种姿势以及正常运动。

肌张力增高主要表现为肌肉较硬，被动运动时阻力增加，关节活动范围缩小，家长较易观察到的如下肢伸直、内收交叉、呈剪刀状，换尿布时宝宝腿不能分开，尖足，两只手不能对到一起等。脑瘫时表现为主动和被动肌张力均高，同时有姿势异常。

被动肌张力高未必不正常

但是，有的宝宝比较敏感，检查时表现为被动肌张力增高（通过内收肌角、腘窝角和足背屈角测查），放松时肌张力不高，主动活动时肌张力也正常，不存在异常姿势，且运动发育符合其月龄的水平。过去认为这些孩子应做康复训练，但效果不好，并且哭闹厉害，无法坚持，只好回家，有的孩子通过随诊发现，他们自然会爬和走了。

为此，我们有意识随诊这些被动肌张力表现增高的孩子，目前为至有25例，他们均无脑损伤史，主要表现为下肢被动肌张力增高。随诊至月龄9个月到1岁以上，包括足月儿24例，早产儿1例（无脑损伤）。在我们的建议下，这14例宝宝均未到专业机构进行康复训练，由家长在家正常带养，我们进行随诊，结果其运动发育都能按其发展规律正常发展，坐位稳，扶站或独站时脚能放平，会爬，扶走或独走时姿势正常，体位转换灵活，家长也认为宝宝肌张力正常，没有问题。

因此，医生在检查宝宝被动肌张力时要结合其病史及发育水平，多方考虑，怀疑脑瘫时应该慎重。关于被动肌张力增高是否需要进行康复的问题，我们认为，如果宝宝肌张力增高影响到宝宝的运动发育，出现异常姿势等，就需要进行康复。

鲍奶奶提醒

如果宝宝仅仅是被动肌张力增高，无异常姿势，不影响其运动发育，也无高危病史的，可以先跟踪观察，指导父母加强主动运动练习，医生要定期随诊，不需要进行康复。

误区46 二类疫苗比一类疫苗预防疾病的效果更好

走出误区：从防病角度看一类疫苗完全可以达到预防疾病的目的，而不是二类疫苗预防效果比一类疫苗好。

近几年疫苗种类繁多，许多家长都在困惑一类、二类疫苗是怎么回事。为什么有免费疫苗还有自费疫苗，它们都有什么不同？宝宝接种哪种疫苗更好，我们应

要让宝宝及时接种疫苗

该怎样选择？二类疫苗要不要打等诸多问题，在此笔者为大家解除对选择疫苗时的忧虑。

根据国家制定《疫苗流通和预防接种管理条例》，疫苗分为两类。第一类疫苗，是指政府免费向公民提供，公民应当依照政府的规定受种的疫苗。第二类疫苗，是指由公民自费并且自愿受种的疫苗。

一类疫苗和二类疫苗各有利弊

A 拿脊髓灰质炎疫苗来说，一类疫苗为国产口服较为方便，二类疫苗为注射，给宝宝接种带来一定痛苦，两种疫苗各有利弊。

B 从防病的角度看都可以达到预防脊髓灰质炎的目的。口服疫苗有极个别儿童出现疫苗相关性小儿麻痹和疫苗衍生脊灰病毒。另外，口服疫苗是活苗服苗前后半小时不能喂母乳或喝热水。

C 从防病角度看一类疫苗完全可以达到预防疾病的目的。几十年来疫苗的运用证实了这一点。二类疫苗安全性可能会好一些，但是需要一定的费用。

D 五联疫苗的优势在于接种一针五联疫苗可以同时预防五类儿童常见传染病，可大大减少由于接种疫苗的频繁给宝宝带来的痛苦。但是进口疫苗价格昂贵会给家庭带来一定的经济负担。

一类疫苗国产和进口如何选择

一类进口疫苗（自费）主要是葛兰素史克乙肝疫苗，它的不同点主要在生产工艺上，另外价格较贵。现在我国疫苗的生产工艺不断提高，国产疫苗的质量很好。进口与国产乙肝疫苗接种后产生免疫应答未见明显区别。

疫苗接种的原则

- 二种灭活疫苗或一种减毒活疫苗和一种灭活疫苗可以在同一天不同部位接种。
- 一种注射减毒活疫苗与一种口服减毒活疫苗可以在同一天接种。
- 二种疫苗在同侧同部位注射需要间隔28天以上。
- 二种注射用减毒活疫苗要同一天接种，否则需要间隔28天。

鲍奶奶提醒

如果家庭经济条件允许，二类疫苗是可以接种的。特别是早产儿、体弱儿童由于免疫功能较弱，感染疫苗相关疾病的概率较高，接种二类疫苗后发生疫苗相关性疾病的概率会大大降低。

误区47 宝宝发脾气时，要严厉管教，甚至给予必要的体罚

走出误区：宝宝做了一些不该做的事情，还乱发脾气，家长除了管，更重要的是教育和指导，而不是体罚。

宝宝做了一些不该做的事，如捡脏东西吃、打人、咬人、揪别人的头发、在公共场合大声尖叫，或扔食物、乱写乱画。家长要坚决加以制止，家中看护宝宝的大人态度保持一致。宝宝不可能一下改掉这些毛病，需要坚持并重复才能纠正。

管教的意思除了管以外，更重要的是教育和指导。教中更加重要的一部分是爱，爱是家长和孩子关系的核心，在塑造孩子的行为方面起着重要的作用。

当宝宝出现不良行为时可以用消退法，这种方法对2～3岁的宝宝是最为有效的惩戒方法，对18个月以上的宝宝也有效。当宝宝破坏一定规矩，出现恼人的或不良行为的时候，应用消退法。

那么如何应用消退法呢？

- 明确定义宝宝做错的事，如他不满意的时候就在地上打滚，在公众场合哭闹，引起关注；当大人要做别的事情的时候缠着大人；等等。
- 如果你安抚他或停下手里的事情去关注他，那么，你就是在不知不觉地鼓励他这种行为，以后将发生更频繁。

● 正确的方法是忽视孩子的不良行为，关键是要坚持，即使在百货商店里，所有的人都在看你，你也不要向孩子表露你听到了他的哭闹，继续做你的事情就行。一开始他可能更剧烈、更频繁地去试探你，但是最终他会明白你是认真的，保持镇定，最重要的是忽视他这种行为，如果你对这种哭闹屈服，你就是在纵容他。

宝宝发脾气有危险举动时，可采用“平静中断法”

● 当宝宝表现好的时候，一定要表扬他，例如你拒绝给他买糖果，他用正常的语气和你说话而不是大哭大闹，要夸奖他表现得很好，像大人一样。

● 如果宝宝已经消除了的不良行为又发生了，再重复消退法，第二次可能就不会花费这么长时间了。

当宝宝做出危险举动时，可以采取“平静中断法”。

家长要从宝宝的背面抱住宝宝，让他坐在椅子上，或者把他放在一个不容易让他分神的无聊的地方，使他有足够的时间冷静下来。家长要在宝宝犯错误1分钟内作出反应，如果延迟了对他的教训，他不能明白你究竟因为什么而生气，那么你这样做就没意义了。在采取平静中断法时，他可能哭泣得更厉害，你要坚持一两分钟再去安慰他，否则他就不会意识到自己做错了事。

鲍奶奶提醒

如果家长希望孩子表现好，首先自己需要做好榜样，这样才能为孩子引路。

误区48 宝宝逛商场看到喜欢的玩具哭闹着要买，要尽量满足

走出误区： 宝宝逛商场时闹着买玩具，很多家长怕宝宝哭闹，所以一味地满足宝宝的需求，这样做是不对的。

很多宝宝跟着家长逛商场时，看到喜欢的玩具会让家长买，不买就躺在地上哭闹。怎么办呢？

解决办法：

- 去商场前要陪着宝宝在家玩一会儿玩具车，使宝宝对再买玩具的兴趣不是那么大。
- 走之前提前告知宝宝，让他看看自己有这么多汽车玩具，一会儿到了商场就不买新的汽车玩具了。
- 在商场里，宝宝看到心爱的汽车玩具，要妈妈买给他时，妈妈说："我们在家里讲好的，家里有很多，我们不可以再要了。"宝宝这时候很可能会出现问题行为，比如不高兴、一直哭、拦住妈妈不能离开、躺在地上大哭等。
- 妈妈接下来要转移宝宝的注意力，带他去看看别的需要购买的物品；不要对孩子说"不可以、不能"之类的话语，告诉宝宝我们现在要去做什么，应该做什么；忽视宝宝的哭闹，不去回应他，只要在保证安全的情况下，我们可以离开一会儿并确保

宝宝能找到我们，直至他停止哭闹来跟上妈妈，宝宝找到妈妈后，再不去提及此事，直接告诉宝宝接下来我们要去做什么。如果家长坚持原则，宝宝不良的行为问题会逐渐消失。

不要一味地满足宝宝的需求

鲍奶奶提醒

以上的方法也可用在宝宝其他行为问题的纠正上。